W0230966

Super M

Mathematik für alle

4

Herausgegeben von
Ursula Manten

Erarbeitet von
Ursula Manten
Ariane Ranft
Gabi Viseneber
Mirjam Walde

Illustrationen von
Martina Leykamm
Dorothee Mahnkopf

Dieses Buch gibt es auch auf
www.scook.de

 Es kann dort nach Bestätigung der
Allgemeinen Geschäftsbedingungen
genutzt werden.

Buchcode: **8dref-e4gsq**

Inhaltsverzeichnis

AH▶ Arbeitsheft   **E▶** Förderheft – Einstiege   **A▶** Förderheft – Aufstiege

Addition und Subtraktion

① Rechne.

a) 4 + 3
  40 + 30
  400 + 300

b) 40 + 50
  140 + 50
  240 + 50

c) 80 + 50
  180 + 50
  280 + 50

d) 70 + 40
  170 + 50
  270 + 60

e) 160 + 100
  160 + 200
  160 + 300

f) 30 + 600
  130 + 500
  230 + 400

g Erfinde eigene Päckchen.

② Rechne mit deinem Rechenweg.

Ich addiere erst die Zehner, dann die Einer.

543 + 49 = _____
543 + 40 = _____
____ + ____ = ____

543 + 49 =

Ich rechne anders.

543 + 49 = _____
543 + 50 = _____
____ − ____ = ____

a) 342 + 43
  415 + 55
  236 + 35
  157 + 26

b) 634 + 76
  283 + 27
  555 + 57
  726 + 85

c) 287 + 64
  358 + 76
  564 + 57
  907 + 85

d) 652 + 49
  865 + 59
  737 + 89
  492 + 79

e) 335 + 68
  186 + 48
  754 + 88
  916 + 38

f) 499 + 63
  699 + 54
  899 + 76
  299 + 99

183 234 271 310 351 385 398 403 434 470 562 571 612 621 653 701 710 753 811 826 842 924 954 975 992

③ Schriftliche Addition

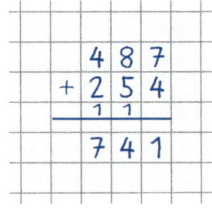

Rechne schriftlich. Denke an den Übertrag!

a) 417 + 265
  572 + 174
  343 + 587
  689 + 251

b) 386 + 59
  795 + 176
  677 + 87
  493 + 358

c) 25 + 786
  602 + 379
  95 + 888
  586 + 407

d) 175 + 487 + 209
  521 + 219 + 182
  316 + 121 + 295
  254 + 507 + 198

e) 246 + 607 + 56
  678 + 15 + 122
  306 + 273 + 8
  86 + 813 + 99

445 587 632 682 732 746 764 811 815 851 871 909 922 930 940 959 971 981 983 993 998

④ Zahlenmauern

a)
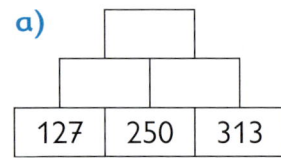

b)
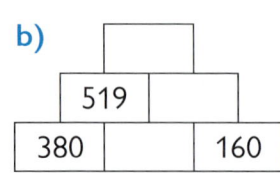

c)
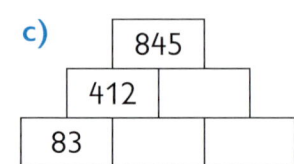

d)
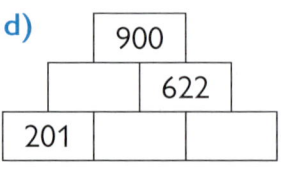

1–2 Wiederholung Addition, Nutzung individueller Rechenwege;
3 Schriftlich addieren; 4 Übungsformat Zahlenmauern

E▶2 AH▶3 A▶2

5 Rechne.

	a)	b)	c)	d)	e)	f)
	9 – 5	80 – 80	120 – 40	250 – 80	730 – 100	910 – 900
	90 – 50	180 – 80	220 – 40	450 – 80	740 – 200	920 – 800
	900 – 500	280 – 80	320 – 40	650 – 80	750 – 300	930 – 700

g Erfinde eigene Päckchen.

6 Rechne mit deinem Rechenweg.

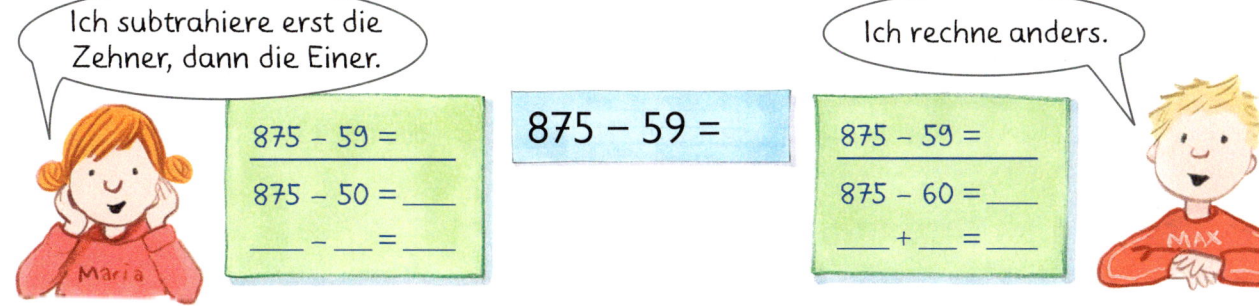

Ich subtrahiere erst die Zehner, dann die Einer.

875 – 59 = _____
875 – 50 = ___
___ – ___ = ___

875 – 59 =

Ich rechne anders.

875 – 59 = _____
875 – 60 = ___
___ + ___ = ___

Maria

MAX

a)	b)	c)	d)	e)	f)
465 – 42	674 – 56	226 – 18	504 – 26	523 – 39	412 – 18
789 – 67	382 – 28	853 – 64	720 – 83	834 – 79	765 – 78
576 – 35	853 – 45	921 – 42	205 – 67	681 – 89	117 – 38
658 – 46	246 – 37	513 – 75	680 – 92	417 – 59	602 – 58

79 138 208 209 216 354 358 394 423 438 478 484 541 544 588 592 612 618 637 687 722 755 789 808 879

7 Schriftliche Subtraktion

```
  7 8 3
- 3 5 8
      1
  4 2 5
```

Ergänzen!

Abziehen!

```
      7 10
  7 8̸ 3
- 3 5 8
  4 2 5
```

Rechne.

a)	b)	c)	d)	e)
582 – 356	918 – 642	840 – 375	625 – 52	751 – 662
765 – 438	526 – 235	603 – 448	534 – 86	562 – 486
453 – 145	462 – 381	952 – 704	453 – 95	953 – 864
696 – 479	818 – 524	507 – 309	817 – 99	1 000 – 525

76 81 89 89 155 198 217 226 248 276 281 291 294 308 327 358 448 465 475 573 718

8 Findet Aufgaben, deren Ergebnis zwischen 500 und 600 liegt.

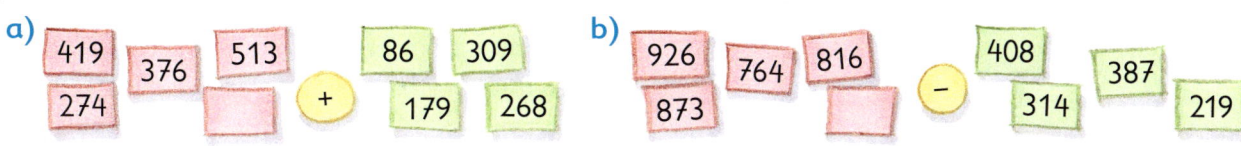

a)
419 376 513 274   +   86 309 179 268

b)
926 764 816 873   –   408 314 387 219

5–6 Wiederholung Subtraktion, Nutzung individueller Rechenwege; 7 Schriftlich subtrahieren;
8 zu vorgegebenen Ergebnisbedingungen passende Additions- und Subtraktionsaufgaben finden
E▸2 AH▸3 A▸2

5

Multiplikation und Division

1 Multipliziere.

a) 3 · 5
6 · 5
9 · 5
5 · 5

b) 8 · 7
4 · 7
2 · 7
5 · 7

c) 1 · 6
5 · 6
10 · 6
6 · 6

d) 1 · 40
5 · 40
7 · 40
10 · 40

e) 3 · 20
6 · 20
9 · 20
5 · 20

f) 2 · 90
4 · 90
8 · 90
9 · 90

> Ich wähle für jede Aufgabe einen passenden Weg.

7 · 56 = 392
7 · 50 = 350
7 · 6 = 42

7 · 69 = 483
7 · 70 = 490
490 − 7 = 483

9 · 15 = 135
10 · 15 = 150
150 − 15 = 135

3 · 212 = 636

2 Rechne mit deinem Rechenweg.

a) 6 · 39
4 · 89
7 · 59
5 · 49

b) 9 · 13
9 · 45
9 · 24
9 · 36

c) 8 · 27
6 · 87
4 · 57
8 · 47

d) 4 · 22
3 · 23
5 · 21
6 · 24

e) 7 · 48
6 · 59
8 · 37
5 · 26

f) 9 · 99
5 · 95
9 · 85
9 · 89

69 88 105 117 130 144 205 216 216 228 234 245 296 324 336 354 356 376 405 413 475 522 765 801 891

3 Rechne geschickt.

a) 3 · 5 · 8
7 · 5 · 4
5 · 9 · 4
5 · 5 · 8

b) 6 · 7 · 5
9 · 2 · 5
7 · 8 · 5
6 · 9 · 5

c) 6 · 5 · 8
7 · 2 · 5
5 · 4 · 9
9 · 8 · 5

d) 5 · 6 · 5
8 · 5 · 8
5 · 2 · 8
5 · 4 · 6

> Beim Multiplizieren kann ich die Zahlen vertauschen.

70 80 90 120 120 140 150 180 180 200 210 240 240 270 280 320 360

4 Zahlenfolgen. Setze fort und notiere die Regel.

a) 8, 16, 32, ___, ___, ___, ___

b) 112, 224, 336, ___, ___, ___

c) 540, 480, 420, ___, ___, ___

d) 150, 126, 102, ___, ___, ___

5 Finde und rechne Malaufgaben

3   5
9

75   12   53
35   89   21

– mit einem Ergebnis kleiner als 100.
– mit einem Ergebnis größer als 500.
– mit einem Ergebnis größer als 100 und kleiner als 200.

1–2 Wiederholung Multiplikation, Nutzung individueller Rechenwege;
3 Faktoren geschickt vertauschen; 4 Zahlenfolgen fortsetzen;
5 zu vorgegeben Ergebnisbedingungen passende Malaufgaben finden

E▸3   AH▸4   A▸3

(6) Rechne.

a) 420 : 6	b) 240 : 8	c) 540 : 6	d) 180 : 60	e) 160 : 20	f) 400 : 50
360 : 4	120 : 3	490 : 7	280 : 70	270 : 30	560 : 80
210 : 3	480 : 6	320 : 8	810 : 90	250 : 50	240 : 60
630 : 7	450 : 5	720 : 9	180 : 60	350 : 70	300 : 50

Im Kopf oder schrittweise?

$126 : 6 = 21$

ALi

$264 : 8 = 33$
$240 : 8 = 30$
$24 : 8 = \ 3$

(7) Rechne mit deinem Rechenweg.

a) 356 : 4	b) 175 : 5	c) 355 : 5	d) 252 : 6	e) 819 : 9	f) 192 : 8
414 : 6	477 : 9	728 : 8	364 : 7	237 : 3	322 : 7
623 : 7	426 : 6	546 : 6	344 : 4	255 : 5	486 : 9
445 : 5	624 : 8	567 : 9	235 : 5	288 : 8	255 : 3

24   35   36   42   46   47   51   52   53   54   63   64   69   71   71   78   79   85   86   89   89   89   91   91   91

(8) Dividiere. Bleibt ein Rest?
Kontrolliere deine Ergebnisse mit der Probe.

S. 7, Nr. 8

```
a) 1 0 0 : 6 = 1 6 R 4        6 · 1 6 =      9 6
     6 0 : 6 = 1 0        9 6 +    4 = 1 0 0
     4 0 : 6 =   6 R 4
```

a) 100 : 6	b) 154 : 7	c) 198 : 9
252 : 6	245 : 7	274 : 9
384 : 6	362 : 7	386 : 9
436 : 6	486 : 7	495 : 9

(9) a)

:	40	60	120
240			
360			

b)

:	20		80
320		8	
	20		

c)

:	6		30
540			
480		48	

(10) Finde und rechne Divisionsaufgaben

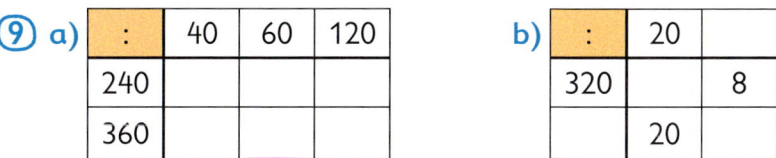

240   480   360   500   :   120   60   30   8   9   40

– mit einem Ergebnis kleiner als 10.
– mit einem Ergebnis größer als 30.
– bei denen ein Rest bleibt.

6–7 Wiederholung Division, Nutzung individueller Rechenwege;
8 Halbschriftlich dividieren und Umgang mit Resten; 9 In Tabellen rechnen;
10 zu vorgegeben Ergebnisbedingungen passende Divisionsaufgaben finden

E ▶ 3   AH ▶ 4   A ▶ 3

Größen

① **a)** Miss die Länge der Strecken im Netz und notiere sie in cm und mm.

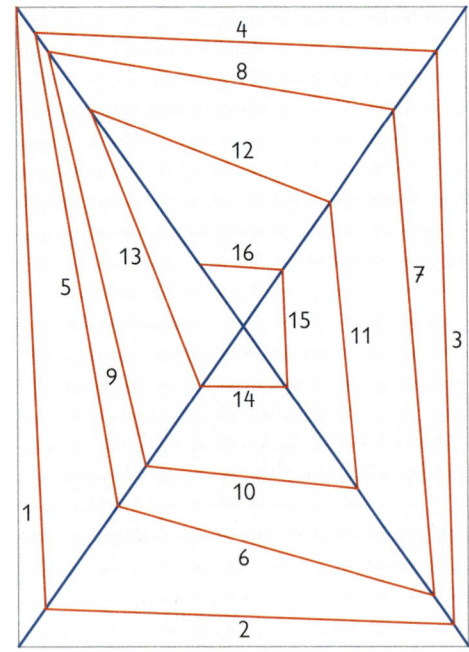

Strecke	Länge in cm	Länge in mm
1	8,0 cm	80 mm

b) Schätze in Zentimetern, wie lang der rote Streckenzug ungefähr ist.

c) Welche Strecken sind zwischen 30 mm und 50 mm lang?

d) Ergänze die in a) gemessenen Strecken jeweils zu 10 cm.

> 1 Zentimeter = 10 Millimeter
> 1 cm = 10 mm

e) Nimm ein kleines Blatt Papier. Zeichne die Diagonalen ein und zeichne ein eigenes Streckennetz wie in Aufgabe a). Schreibe die Längen der Teilstrecken auf.

f) Berechne auch die Gesamtlänge des Streckenzugs.

---

② Die Kinder der Klasse 4 a haben auf dem Schulhof eine Strecke von 10 m aufgezeichnet. Jan benötigt 20 Schritte, um die Strecke abzulaufen.

a) Wie weit kommt er mit einem Schritt?

b) Wie viele Schritte geht er auf 100 m? Wie viele auf einem Kilometer?

c) Lena benötigt für die 10 m 25 Schritte. Vergleiche die Schrittlänge der Kinder.

> 1 Meter = 100 Zentimeter
> 1 m = 100 cm
>
> 1 Kilometer = 1000 Meter
> 1 km = 1000 m

---

③ Berechne jeweils die Zeitspanne, die die Kinder benötigen.

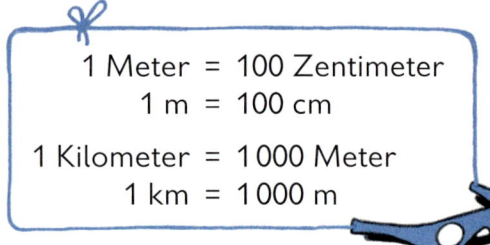

1 km in 4 Minuten

1 km in 16 Minuten

a) Tom fährt zum Zoo. Der Zoo ist 4,500 km entfernt.

b) Anna besucht ihre Freundin Maria. Sie wohnt 1,250 km weit weg.

---

④ Beim Sonntagsspaziergang wandert Tom mit seinen Eltern rund um den Stausee. Am Ende der Wanderung stöhnt er: „Wäre ich doch mit dem Fahrrad gefahren, dann hätte ich nur 1 Stunde gebraucht."

a) Wie viele Kilometer lang war die Wanderstrecke?

b) Wie lange hat die Wanderung gedauert?

1 Strecken messen und tabellarisch in zwei Längeneinheiten notieren;
2–4 Sachaufgaben zum Bereich Längen, Längenmaße, Schrittlängen, Zeitbedarf

E▶4 AH▶5 A▶4

5 Ordne die Gewichtsangaben richtig zu.

| 5 kg | 30 kg | 150 g | 250 g | 5 g | 700 kg | 1 kg |

6

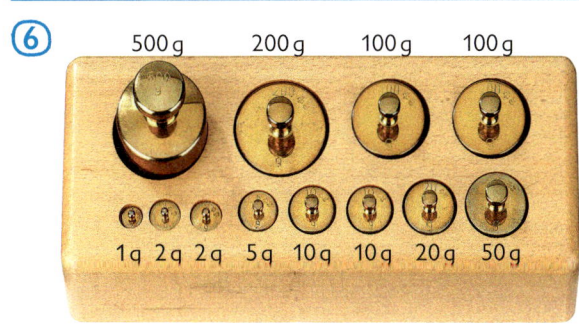

a) Welches Gewicht kannst du mit diesem Gewichtssatz höchstens bestimmen?

b) Benutze möglichst wenige Gewichtssteine und notiere als Plusaufgabe.
235 g, 579 g, 710 g, 888 g, 196 g, 364 g

> S.9, Nr. 6 b)
> 235 g = 200 g + 20 g + 10 g + 5 g

c Kannst du jedes Gewicht von 1 g bis 1 kg mit diesem Gewichtssatz bestimmen? Überlege und begründe.

7 Ergänze zu 1 kg: 270 g, 350 g, $\frac{1}{2}$ kg, 23 g, 705 g, 2 g, $\frac{1}{4}$ kg, 99 g, 812 g.

8 Kannst du dich noch erinnern? Ordne zu.

$$1\,l = 1000\,ml$$
$$\tfrac{1}{2}\,l = 500\,ml$$
$$\tfrac{1}{4}\,l = 250\,ml$$
$$\tfrac{3}{4}\,l = 750\,ml$$
$$\tfrac{1}{8}\,l = 125\,ml$$

| 250 ml | 10 l | 100 l | 36 l | 125 ml | 1 l |

Das Komma trennt Liter und Milliliter.

750 ml = 0,750 l oder 0,75 l
1250 ml = 1,250 l oder 1,25 l

Nullen, die hinter dem Komma am Ende der Zahl stehen, kannst du auch weglassen.

9 Immer zwei Angaben ergänzen sich zu 1 l.

$\frac{1}{8}$ l	720 ml	$\frac{3}{4}$ l	0,1 l
280 ml	0,3 l	0,9 l	700 ml
875 ml	0,25 l	0,8 l	200 ml

5 Gewichtsangaben zuordnen;
6 Zusammenstellung und „Leistungsbereich" eines Gewichtssatzes durchdenken; 7 Gewichtsangaben ergänzen;
8 Flüssigkeitsmengen zuordnen; 9 Bruchschreibweise und Dezimalschreibweise flexibel nutzen

E▶4 AH▶5 A▶4

9

Sachrechnen

Das weiß ich schon: ▸ Das will ich wissen: ▸ So finde ich das heraus: ▸ Das weiß ich jetzt: ▸

① **Zahlen aus der Schule**
Aus der Tabelle kannst du viele Informationen ablesen.

a) Stelle deinem Partner Fragen, die er mit Hilfe der Tabelle beantworten kann.

b) In welchem Schuljahr hatte die Schule die meisten Schüler, wann die wenigsten?

c) Wie viele Kinder waren im Schuljahr 1986/87 in einer Klasse?

d) Vergleiche die Schülerzahlen pro Klasse in den einzelnen Jahren. Was fällt dir auf?

Schuljahr	Anzahl Schüler	Anzahl Klassen	Schüler pro Klasse
1968/69	569	14	36–44
1972/73	677	17	35–45
1978/79	428	14	25–33
1986/87	257	12	17–25
1994/95	340	13	20–29
2006/07	280	11	18–28
2014/15	307	12	24–27

e) Im Schuljahr 1968/69 unterrichteten 12 Lehrerinnen an der Schule, im Schuljahr 1972/73 waren es 14.
Vergleiche mit der Anzahl der Klassen in diesen Jahren. Was fällt dir auf? Hast du eine Erklärung?

② Stelle die Anzahlen der Schüler symbolisch dar.
Zeichne sie in dein Heft.

⚲ = 50 Schüler

Wie gehe ich mit den Resten um?

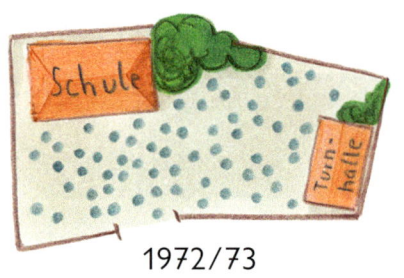

Ist der Rest kleiner als 25: kein weiteres ⚲.

Ist der Rest 25 oder mehr: ein weiteres ⚲.

Erfrage auch die Schülerzahlen an deiner Schule und stelle sie dar.

③ **Auf dem Schulhof früher und heute**
Was fällt dir auf, wenn du die beiden Darstellungen vergleichst? Erkläre.

1972/73   ● = 10 Kinder   2014/15

1 Daten aus Tabellen entnehmen, Daten vergleichen, Schlüsse ziehen;
2 Daten symbolisch darstellen;
3 symbolische Darstellungen lesen, vergleichen und interpretieren

E ▸ 5   AH ▸ 6   A ▸ 5

④

	Schülerzahl	
Klasse	gesamt	davon Jungen
1 a	24	11
1 b	25	14
1 c	24	12
2 a	25	13
2 b	25	15
2 c	26	12
3 a	27	14
3 b	25	13
3 c	26	13
4 a	27	11
4 b	26	12
4 c	27	13

Welche Fragen kannst du mit Hilfe der Tabelle beantworten? Bearbeite sie in deinem Heft.

a) Wie viele Klassen hat die Schule?

b) Wie viele Kinder besuchen insgesamt die Schule?

c) Wie viele Mädchen sind an der Schule, wie viele Jungen?

d) Wie viele Kinder besuchen die Klasse 3 d?

e) In welches Schuljahr gehen die meisten Kinder?

f) Wie alt ist die Klassenlehrerin der Klasse 4 a?

g) In welchem Schuljahr sind mehr Mädchen als Jungen?

h) Die Schule hat zwei Schulhöfe. Auf dem einen Hof spielen die Kinder der Klassen 1 und 2, auf dem anderen Hof die Kinder des 3. und 4. Schuljahrs. Wie viele Kinder befinden sich in den Pausen jeweils auf den beiden Höfen?

⑤ Alle Kinder eines Jahrgangs wurden befragt, ob sie in einem Sportverein trainieren und welche Sportart sie dort ausüben. Hier sind die Ergebnisse der Befragung.

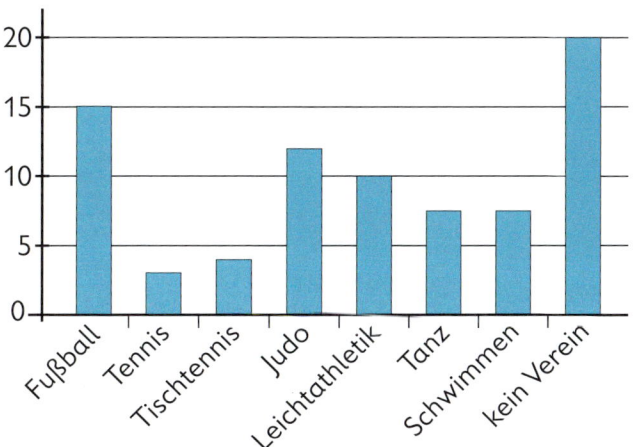

Übertrage die Daten aus dem Säulendiagramm in eine Tabelle.
Ordne jeder Sportart auch die Farbe aus dem Kreisdiagramm zu.

S. 11, Nr. 5		
Sportart	Anzahl der Kinder	Farbe im Diagramm
Schwimmen	8	Rot
Tanzen	8	

4 Entscheiden, welche Fragen mit Hilfe der Tabelle beantwortet werden können, Antworten erarbeiten;
5 Zwischen Darstellungsformen wechseln

11

E ▸ 5   AH ▸ 6   A ▸ 5

Geometrie

① Notiere die Namen der Figuren getrennt nach Flächen und Körpern.

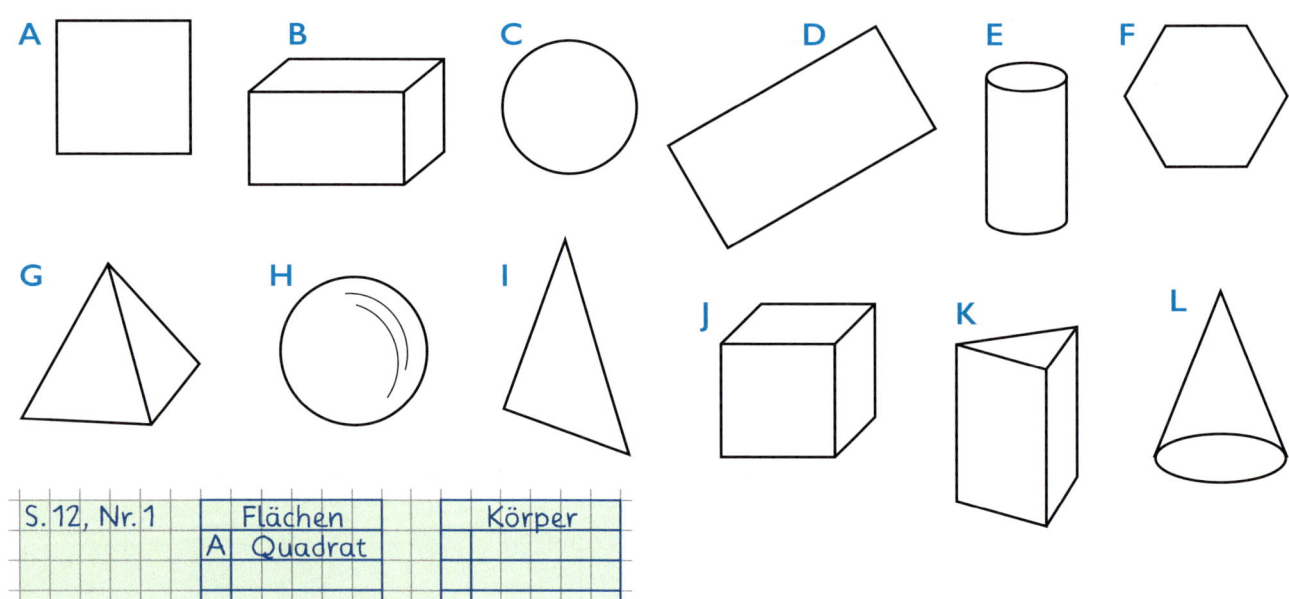

S. 12, Nr. 1		Flächen			Körper	
	A	Quadrat				

② Welcher Körper ist beschrieben?

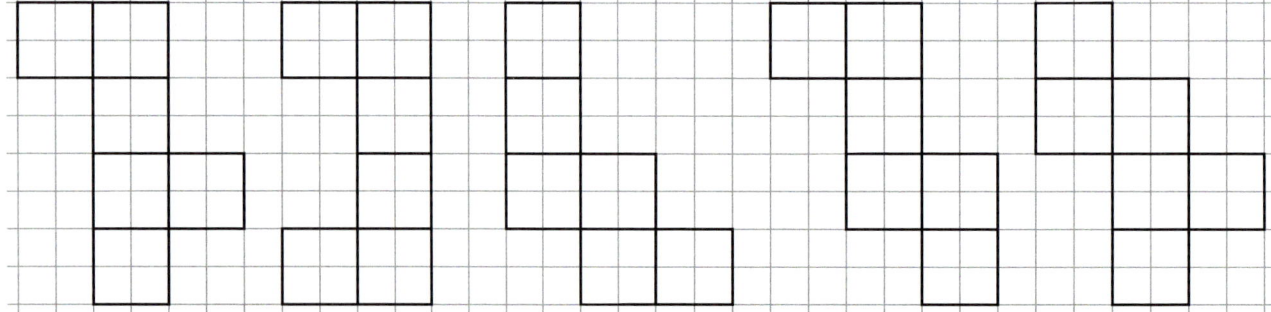

Alle Kanten sind gleich lang.

Der Körper besitzt 2 ebene Flächen. Er kann rollen.

Der Körper besitzt keine ebene Fläche.

Von den 12 Kanten sind jeweils 4 gleich lang.

③ Welche Quadratsechslinge sind Würfelnetze? Zeichne sie in dein Heft.

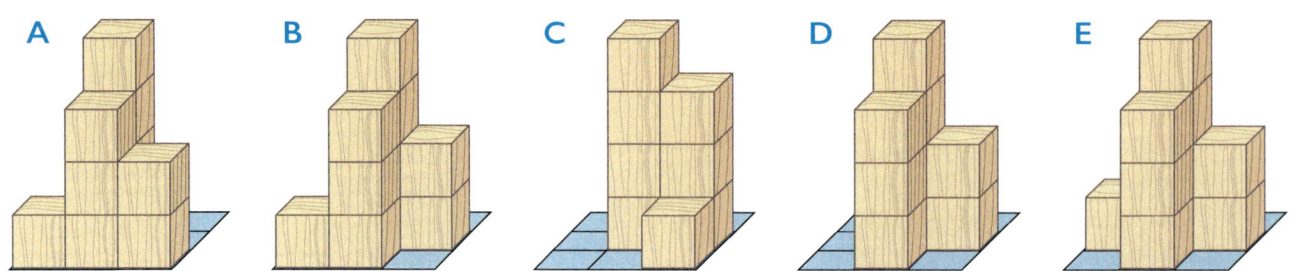

④ Zu jedem Gebäude gehören ein Einer-, ein Zweier-, ein Dreier- und ein Viererturm. Schreibe die Baupläne ins Heft. Welche Abbildungen zeigen dasselbe Gebäude?

A B C D E

1 Flächen und Körper unterscheiden und benennen können;
2 Körper aufgrund der Eigenschaften ermitteln und benennen;
3 Würfelnetze aus Quadratsechslingen auswählen; 4 Baupläne schreiben und Würfelgebäude vergleichen

E ▶ 6   AH ▶ 7   A ▶ 6

⑤ Übertrage die Figuren in dein Heft und ergänze sie symmetrisch, indem du sie an beiden Achsen spiegelst.

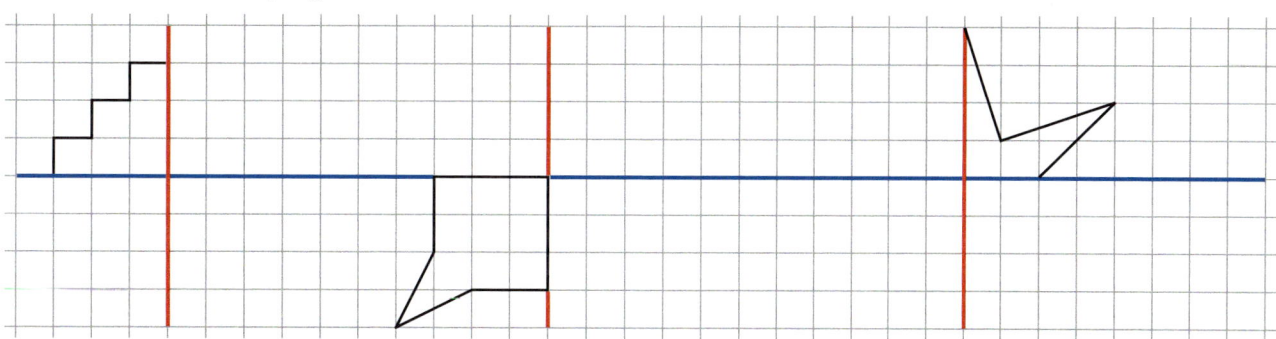

⑥ Welche Figuren sind symmetrisch? Übertrage nur diese Figuren in dein Heft. Zeichne jeweils alle Symmetrieachsen in Rot ein.

⑦ **a)** Vergrößere: Maßstab 2 : 1.   **b)** Verkleinere: Maßstab 1 : 3.   **c)** Zeichne: Maßstab 1 : 2.

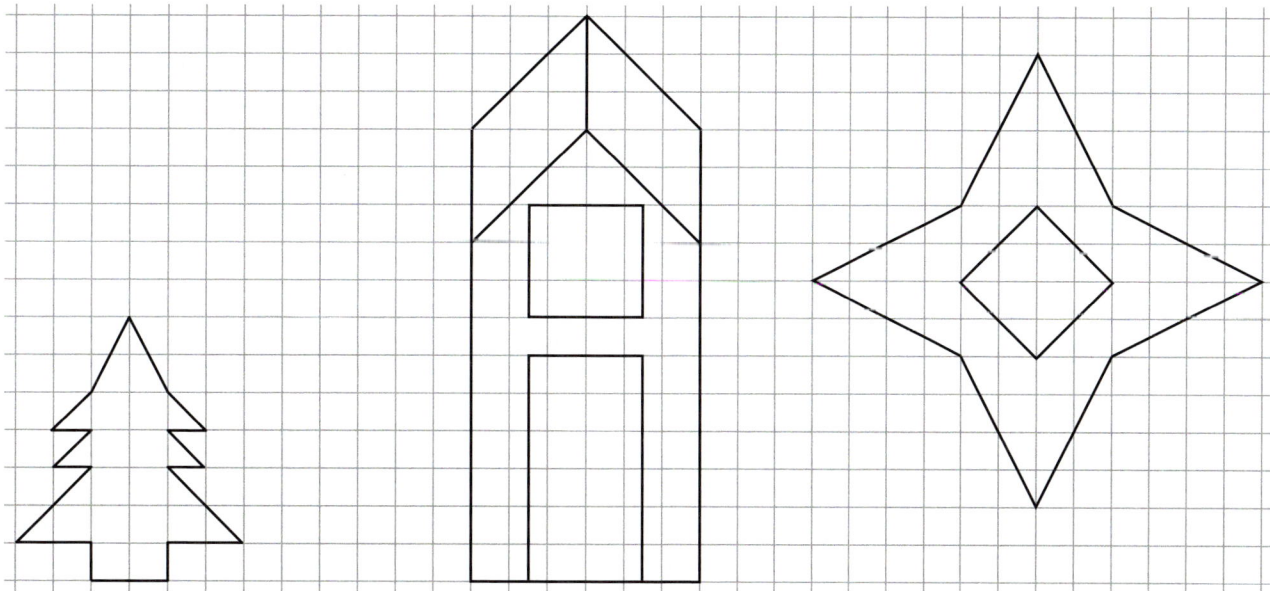

5 Figuren übertragen und nach Vorgabe spiegeln;
6 symmetrische Figuren übertragen, alle Symmetrieachsen einzeichnen;
7 Figuren übertragen und im vorgegebenen Maßstab verändert zeichnen

E ▶ 6   AH ▶ 7   A ▶ 6

13

Häufigkeiten, Wahrscheinlichkeiten, Muster

① Jede Ziffer liegt nur einmal im Kasten.
Du ziehst drei Karten und legst daraus eine dreistellige Zahl.
Welche Ergebnisse sind möglich, unmöglich oder sicher?

Ziffernkarten
1-9

a) Die Zahl ist größer als 122.   **b)** Die Zahl ist größer als 500.

c) Die Zahl ist ungerade.   **d)** Die Zahl ist kleiner als 988.

e) Die Zahl heißt 233.   **f)** Die Zahl ist kleiner als 100.

② Du füllst das Säckchen für jede Aufgabe neu mit 12 Murmeln in zwei Farben.
Wie viele Murmeln von jeder Sorte wählst du, damit die Aussagen
stimmen?

a) Die Chancen, eine rote oder eine blaue Murmel zu ziehen,
sind gleich groß.

b) Es ist wahrscheinlicher, eine rote Murmel zu ziehen als eine blaue.

c) Die Chancen, eine blaue Murmel zu ziehen, sind doppelt so groß wie die Chancen,
eine rote Kugel zu ziehen.

d) Spätestens beim dritten Zug ziehst du eine rote Kugel.

③ Die 4. Schuljahre verkaufen beim Schulfest Lose.
In allen Klassen gibt es Hauptgewinne,
Trostpreise und Nieten.

a) Berechne, wie viele Nieten man bei
den einzelnen Klassen ziehen kann.

b) Bei welcher Klasse ist es am wahr-
scheinlichsten, einen Preis zu gewinnen?
Begründe deine Meinung.

Klasse	Lose	Haupt-gewinne	Trost-preise	Nieten
4 a	50	5	20	
4 b	40	4	20	
4 c	60	3	20	

c) Bei welcher Klasse würdest du auf keinen Fall ein Los kaufen? Begründe.

d) Bei zwei Klassen sind die Chancen auf einen Hauptgewinn gleich groß.
Welche sind es?

④ Die Fußballmannschaften der dritten und vierten Klassen
veranstalten im Herbst ein Fußballturnier.
Es gibt in jedem Jahrgang drei Klassen (a, b, c)
und jede Klasse soll gegen jede andere einmal
antreten.

a) Zu wie vielen Spielen muss jede
Klassenmannschaft antreten?

b) Wie viele Spiele werden insgesamt
beim Turnier durchgeführt?

1 Aussagen kategorisieren; **2** Murmelfarben aufgabenbezogen bestimmen;
3 Losverteilung berechnen, Gewinnchancen begründet beurteilen; **4** Anzahl der Kombinationen berechnen

E▸7   AH▸8   A▸7

5 Für jedes gewonnene Spiel erhält die Klassenmannschaft 3 Punkte, bei einem Unentschieden 1 Punkt. Bei gleicher Punktzahl entscheidet das Torverhältnis über den Platz.
Schau dir die Punktzahlen der einzelnen Klassen an und überlege.

a) Wie viele Spiele der Klasse 4 a sind unentschieden ausgegangen?

b) Mindestens wie viele Spiele der 4 b haben unentschieden geendet?

c) Wie viele Spiele kann die 3 a höchstens gewonnen haben?

d) Die Klassen 4 b und 3 b haben gleich viele Punkte. Wer gehört in der Tabelle auf den 3. Platz?

e) Schreibe die Mannschaften in einer Platzreihenfolge auf.

Klasse	Punkte	Torverhältnis
4 a	13	10 : 5
4 b	5	6 : 7
4 c	4	9 : 8
3 a	9	8 : 6
3 b	5	6 : 10
3 c	4	5 : 8

6 Du baust eine Treppe aus Würfeln. Diese Treppe hier hat 4 Stufen.

a) Aus wie vielen Würfeln besteht die Treppe?

b) Es werden noch zwei Stufen dazu gebaut.
Wie viele Würfel benötigst du?
Wie viele Würfel hat die Treppe dann insgesamt?

c) Aus wie vielen Würfeln besteht eine Treppe mit 10 Stufen?

7 Wie geht es weiter? Zeichne das vierte Muster.

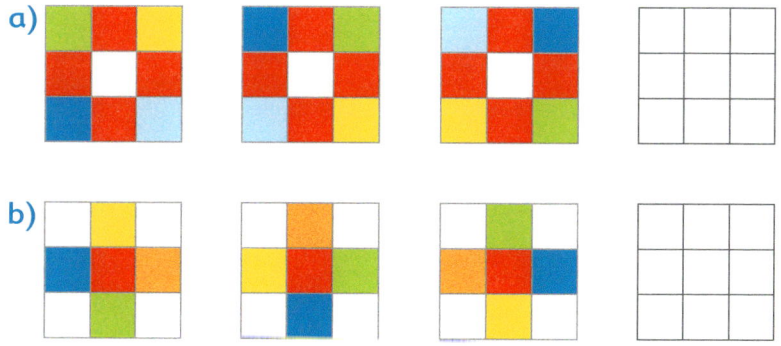

a)

b)

8 Wie geht es weiter? Notiere zu jedem Punktefeld die passende Malaufgabe.

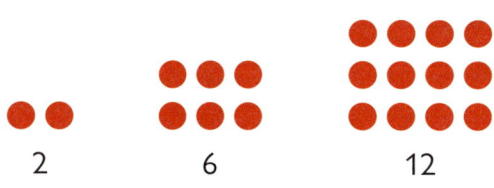

2   6   12

a) Zeichne das vierte und fünfte Punktefeld und notiere die Malaufgaben.

b) Berechne die Anzahl der Punkte für das 9. Punktefeld.

5 Tabelle auswerten und interpretieren, z.B. Spielergebnisse, Rangfolge;
6 Ebenen der Treppe als Folge sehen und sie fortschreiben; 7 fehlende Muster ergänzen;
8 Folge von Punktefeldern zeichnerisch/gedanklich, rechnerisch fortsetzen

E▶7 AH▶8 A▶7

15

Das kann ich schon!

Addition und Subtraktion

SCHRIFTLICH? IM KOPF?

① Rechne mit deinem Rechenweg.

a) 286 + 199
378 + 466
445 + 555
246 + 357

b) 567 − 299
942 − 386
608 − 309
826 − 478

c) 465 − ___ = 178
255 + ___ = 999
399 + ___ = 845
983 − ___ = 243

d) 198 + 298 + 398
257 + 354 + 173
364 + 175 + 236

e) 999 − 299 − 399
874 − 285 − 174
786 − 238 − 166

f)
```
  3 □ 6
+ □ 8 8
───────
  7 7 □
```

g)
```
  1 0 0 0
−   5 □ 5
─────────
    □ 3 □
```

Multiplikation und Division

② Nutze auch hier geschickte Rechenwege.

a) 6 · 20
6 · 40
6 · 80

b) 8 · 30
8 · 60
8 · 90

c) 4 · 39
5 · 54
7 · 18

d) 5 · 122
3 · 254
4 · 199

e) 4 · 5 · 7
8 · 6 · 5
2 · 7 · 5

f) 480 = ___ · 8
320 = 80 · ___
240 = ___ · 60

③ Dividiere.

a) 810 : 9
560 : 7
490 : 7

b) 180 : 60
420 : 70
640 : 80

c) 280 : ___ = 7
480 : ___ = 60
720 : ___ = 8

d) 100 : 4
200 : 4
400 : 4

e) 186 : 6
424 : 8
297 : 9

f) 414 : 6
828 : 9
546 : 7

Bleibt ein Rest?
Prüfe dein Ergebnis mit
der Probeaufgabe.

g) 100 : 6
200 : 6
400 : 6

h) 130 : 8
260 : 8
520 : 8

i) 310 : 7
710 : 8
899 : 9

j) 485 : 8
454 : 9
243 : 6

Größen und Rechnen mit Größen

④ Ergänze.

a) 340 m + ___ m = 1 km
582 m + ___ m = 1 km
218 m + ___ m = 1 km

b) $\frac{1}{2}$ kg + ___ g = 1 kg
$\frac{1}{4}$ kg + ___ g = 1 kg
$\frac{3}{4}$ kg + ___ g = 1 kg

c) 365 ml + ___ ml = 1 l
99 ml + ___ ml = 1 l
$\frac{1}{8}$ l + ___ ml = 1 l

Schreibe als
Kommazahl.
Wähle eine
passende Einheit.

d) 86 mm
5 mm
123 mm

e) 586 cm
17 cm
1 493 cm

f) 1 000 m
746 m
5 m

g) 1 010 g
966 g
15 g

h) $\frac{1}{4}$ l
500 ml
98 ml

⑤ a) Benutze möglichst wenige Gewichtssteine und notiere
als Plusaufgabe. 285 g; 727 g; 999 g; 119 g; 544 g

b) Welche verschiedenen Gewichte kannst du
mit genau zwei Gewichtssteinen bestimmen?

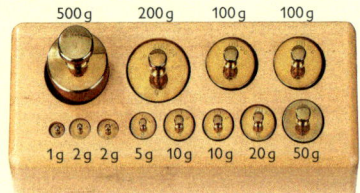

500 g 200 g 100 g 100 g
1 g 2 g 2 g 5 g 10 g 10 g 20 g 50 g

1 auf eigenen Wegen addieren und subtrahieren;
2–3 beim Multiplizieren und Dividieren geschickt vorgehen; 4 Ergänzungsaufgaben mit Größen ausführen
und in anderen Einheiten darstellen; 5 Gewichtssteine kombinieren

E▶8 A▶8

Sachrechnen

⑥ Alle Kinder einer Grundschule wurden befragt, wie sie zur Schule kommen. Hier sind die Ergebnisse.

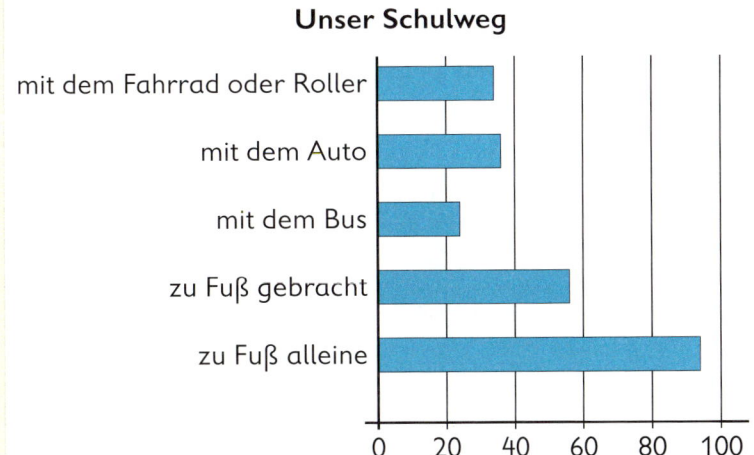

Unser Schulweg

- mit dem Fahrrad oder Roller
- mit dem Auto
- mit dem Bus
- zu Fuß gebracht
- zu Fuß alleine

0 20 40 60 80 100

a) Wie viele Kinder ungefähr besuchen diese Schule?

b) Übertrage die Daten aus dem Balkendiagramm in eine Tabelle.

c) Stelle die einzelnen Schülerzahlen auch symbolisch dar.

 – 10 Schüler

 mit Fahrrad oder Roller

Geometrie

⑦ a) Ergänze symmetrisch.

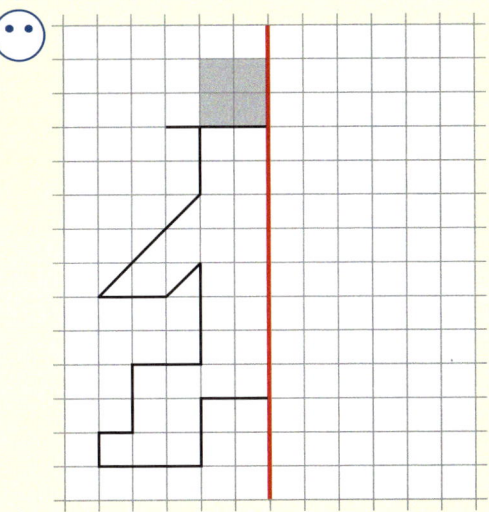

b) Spiegle an allen Achsen.

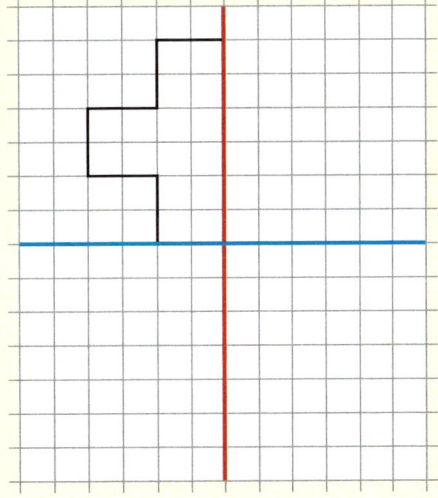

Häufigkeiten, Wahrscheinlichkeiten, Muster

⑧ Beim Schulfest werden Lose verkauft.

a) Berechne die fehlenden Angaben.

b) Bei welchen Klassen ist es wahrscheinlicher, einen Preis als eine Niete zu ziehen?

c) In welchen Klassen sind die Chancen, eine Niete oder einen Gewinn zu bekommen, gleich?

Klasse	Lose	Hauptgewinne	Trostpreise	Nieten
3 a	50		20	25
3 b	45	20		10
4 a		4	20	16
4 b	70	5	30	

6 Balkendiagramm lesen, interpretieren und in andere Darstellungsformen übertragen;
7 Spiegelungen durchführen;
8 Gewinnchancen anhand der Tabelle einschätzen

E▶8 A▶8

17

Die Zahlen bis 10 000

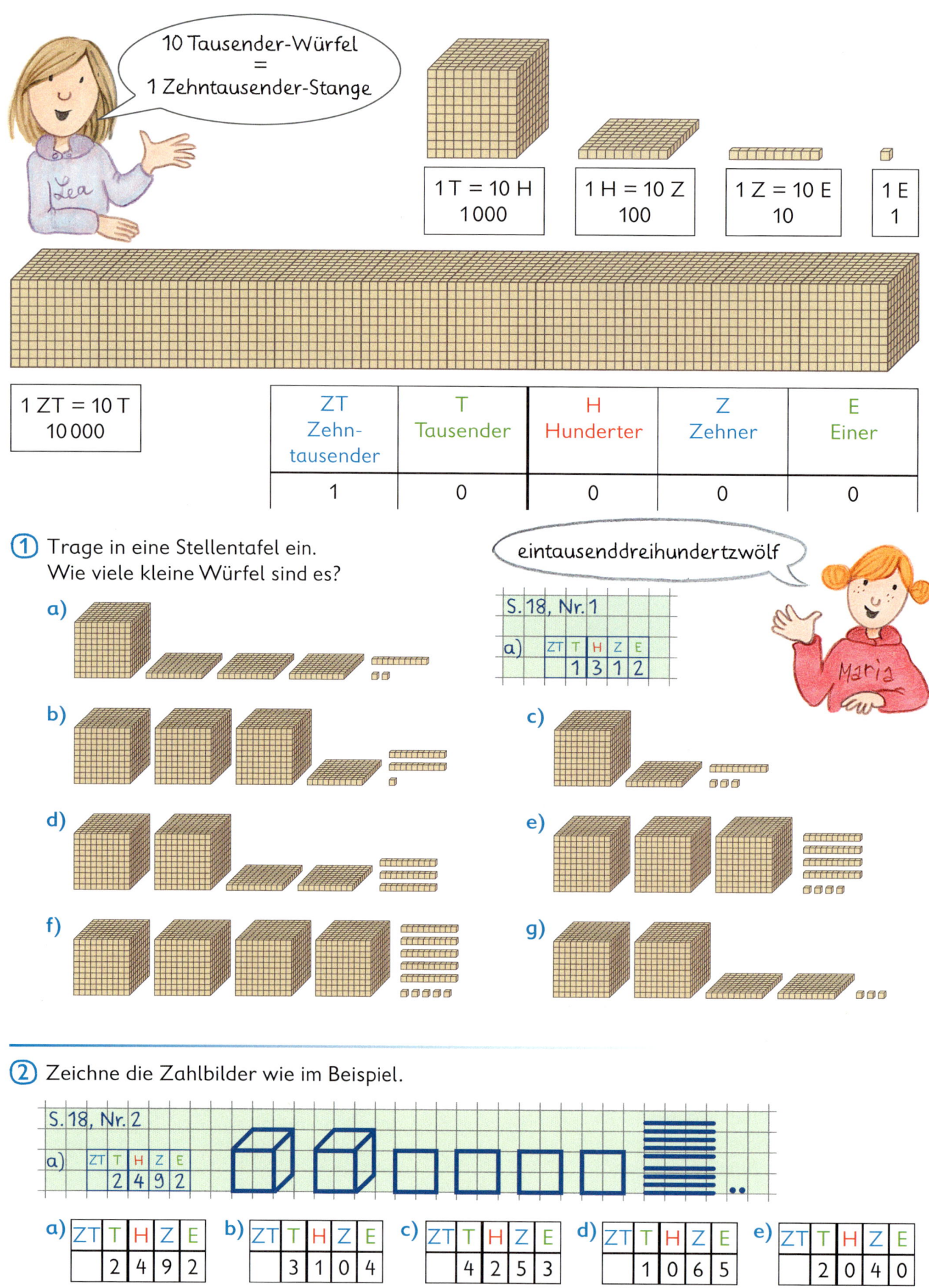

10 Tausender-Würfel
=
1 Zehntausender-Stange

1 T = 10 H	1 H = 10 Z	1 Z = 10 E	1 E
1000	100	10	1

1 ZT = 10 T					
10 000					

ZT Zehn-tausender	T Tausender	H Hunderter	Z Zehner	E Einer
1	0	0	0	0

① Trage in eine Stellentafel ein.
Wie viele kleine Würfel sind es?

eintausenddreihundertzwölf

S. 18, Nr. 1

a)

ZT	T	H	Z	E
	1	3	1	2

a)

b)

c)

d)

e)

f)

g)

② Zeichne die Zahlbilder wie im Beispiel.

S. 18, Nr. 2

a)

ZT	T	H	Z	E
	2	4	9	2

a)

ZT	T	H	Z	E
	2	4	9	2

b)

ZT	T	H	Z	E
	3	1	0	4

c)

ZT	T	H	Z	E
	4	2	5	3

d)

ZT	T	H	Z	E
	1	0	6	5

e)

ZT	T	H	Z	E
	2	0	4	0

1–2 Zwischen Darstellungsformen wechseln:
materialgebundene Darstellung (Dienes Material) → Stellentafel, Stellentafel → Zahlbild

E ▶ 9   AH ▶ 9   A ▶ 9

3 Lege mit Zahlenkarten und notiere die Zahlen.

a)
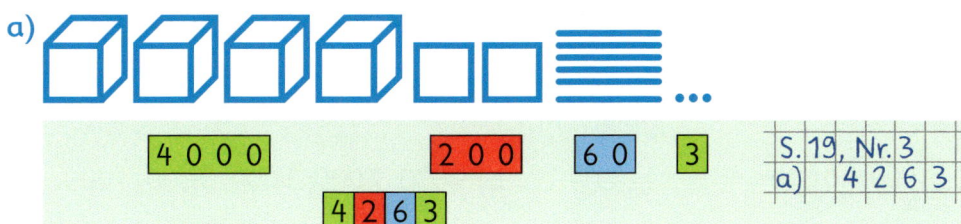

b)

c)

d)

e)

f)

g)

---

4 Schreibe die Zahlen. Lies die Zahlen.

ZT	T	H	Z	E
	•••	•••••	••••	••
	••••• ••	••	••••• •••	••••
	••••• •	••••• •••	••••• ••	
•				
	••••	••••• •	•••	••••• ••••
	••••• ••••	••••• •••		

Beginne mit der kleinsten Zahl.

---

5 Lege mit Zahlenkarten und schreibe als Plusaufgabe wie im Beispiel.

a) sechstausendvierhundertdreiundzwanzig

6 4 2 3

S. 19, Nr. 5
a) 6 4 2 3 = 6 0 0 0 + 4 0 0 + 2 0 + 3

b) fünftausendachthundertneunundreißig

c) eintausendachthundertvierundachtzig

d) neuntausenddreihundertsiebenundvierzig

e) dreitausendvierhundertsiebzig

f) achttausendsiebenhundertneunzig

g) viertausendeinhundertfünfzehn

h) zweitausendeinhundertsechsundfünfzig

i) sechstausendzweihunderteins

j) siebentausendsechshundert

k) fünftausendzweihundertsiebzig

---

3 Zahlbild → Zahlenkarten; 4 Stellentafel → Ziffern, Zahlen schreiben und lesen;
5 Zahlwort → Zahlenkarten → Addition von Stufenzahlen

19

E▶9 AH▶9 A▶9

Orientierung im Zahlenraum bis 10 000

① Zeige am Zahlenstrahl.

a) 2 000, 4 000, 6 000, 8 000, 10 000

b) 9 000, 7 000, 5 000, 3 000, 1 000

c) 1 500, 3 500, 5 500, 7 500, 9 500

d) 8 500, 6 500, 4 500, 2 500, 500

② Zeige am Zahlenstrahl.

a) 3 150, 3 250, 3 350, 3 450,
3 650, 3 850, 3 950

b) 7 120, 7 320, 7 420, 7 520,
7 720, 7 820, 7 920

c) 9 180, 9 280, 9 480, 9 580,
9 680, 9 880, 9 980

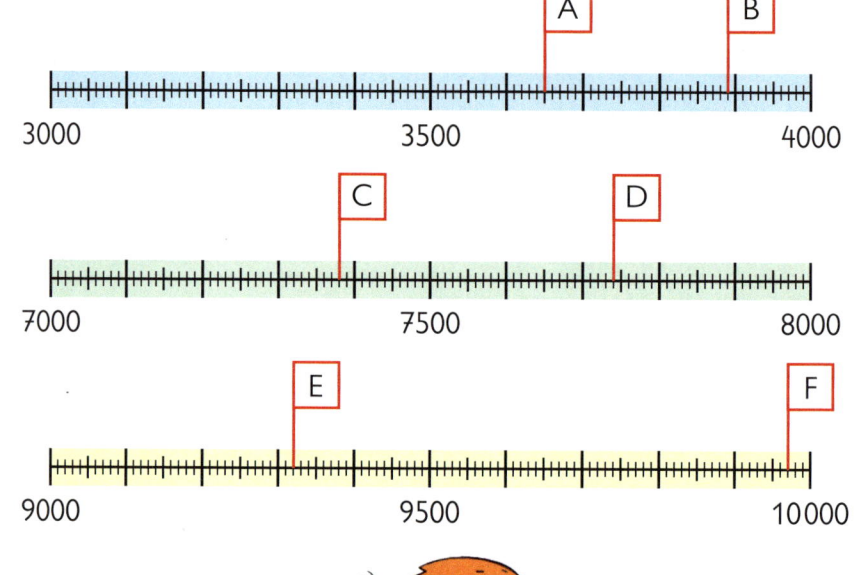

d) Schreibe die Zahlen A bis F
in dein Heft.

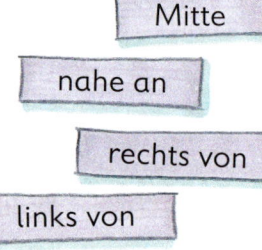

Schau genau
hin!

③ Welche Zahl ungefähr? Beschreibe, was du dir überlegt hast.

a) |———————|————————| 9 000 — 10 000

b) |———————————————|—| 9 000 — 10 000

c) |—————————|————————| 9 000 — 10 000

d) |——————————|———————| 9 000 — 10 000

e) |————|——————————————| 9 000 — 10 000

f) |——————————————————|—| 9 000 — 10 000

Mitte

nahe an

rechts von

links von

näher an ___ als

④ Ordne die Zahlen nach der Größe. Beginne mit der kleinsten Zahl.

| 4 580 | 3 951 | 5 730 | 2 675 | 4 600 | 8 125 | 7 200 | 6 720 |

| 3 950 | 6 815 | 3 940 | 7 020 | 2 765 | 1 995 | 2 006 | 5 885 |

1–2 Orientierung am Zahlenstrahl, wechselnde Ausschnitte und wechselnde Einheiten;
3 Zahlen am Rechenstrich verorten und ihre Lage beschreiben;
4 Zahlen nach der Größe ordnen

E ▶ 10   AH ▶ 10   A ▶ 10

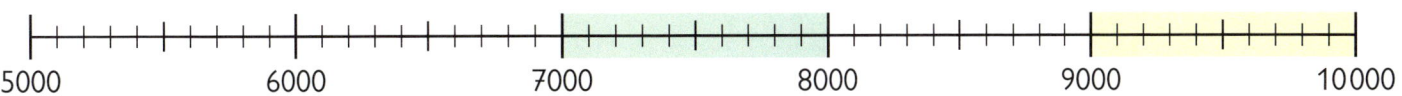

5000　　　　6000　　　　7000　　　　8000　　　　9000　　　　10000

5 Von 1234 immer 8 Schritte weiter.
Beschreibe jeweils, wo die Veränderung sichtbar wird.

a) Einerschritte　　　**b)** Zehnerschritte　　　**c)** Hunderterschritte　　　**d)** Tausenderschritte

6 Übertrage die Tabellen in dein Heft. Trage ein:

a) Vorgänger (V) und Nachfolger (N),　　　**b)** Nachbarzehner (NZ),

c) Nachbarhunderter (NH),　　　**d)** Nachbartausender (NT).

V	Zahl	N
8822	8823	8824
	5478	
	4921	
	7035	
	6268	
	2501	

NZ	Zahl	NZ
8820	8823	8830
	5478	
	4921	
	7035	
	6268	
	2501	

NH	Zahl	NH
8800	8823	8900
	5478	
	4921	
	7035	
	6268	
	2501	

NT	Zahl	NT
8000	8823	9000
	5478	
	4921	
	7035	
	6268	
	2501	

7 Setze < oder > ein.

a) 3800 ◯ 3080
3830 ◯ 3380
8833 ◯ 8383
3018 ◯ 3810

b) 2515 ◯ 2551
5215 ◯ 5125
5205 ◯ 5502
2115 ◯ 2151

c) 4608 ◯ 4680
6032 ◯ 6203
5460 ◯ 5640
7032 ◯ 7023

d) 3970 ◯ 3969
8007 ◯ 7990
6556 ◯ 5665
2098 ◯ 2908

8 Ergänze zum nächsten Tausender.

S. 21, Nr. 8
a)　3400 + 600 = 4000

a) 3400
5200
4600

b) 9300
400
2100

c) 4650
9950
1150

d) 6280
8490
7010

9

a)

10000	
3000	
4000	
8000	

b)

10000	
3200	
4700	
8100	

c)

10000	
9999	
9990	
9900	

d)

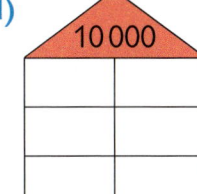

10000	

5 gleichmäßige Schritte am Zahlenstrahl erzeugen Zahlenfolgen,
Veränderungen in der Ziffernschreibweise beschreiben; **6** Nachbarzahlen;
7 Relationszeichen einsetzen; **8** ergänzen; **9** Zerlegungshäuser ausfüllen

E▶10　AH▶10　A▶10

Die Zahlen bis 100 000

1 ZT = 10 T	1 T = 10 H	1 H = 10 Z	1 Z = 10 E	1 E
10 000	1 000	100	10	1

10 Zehntausender-Stangen
=
1 Hunderttausender-Platte

1 HT = 10 ZT
100 000

HT Hundert- tausender	ZT Zehn- tausender	T Tausender	H Hunderter	Z Zehner	E Einer
1	0	0	0	0	0

① Finde die Ergebnisse mit Hilfe der Stellentafel. Schreibe in dein Heft.

a) 1 HT = ___ ZT
1 HT = ___ T

b) 1 HT = ___ H
1 HT = ___ Z

c) 1 ZT = ___ H
1 ZT = ___ Z

② Trage in eine Stellentafel ein.
Wie viele kleine Würfel sind es?

a) 3 Zehntausender-Stangen

b) 5 Zehntausender-Stangen

c) 8 Zehntausender-Stangen

d) 4 Zehntausender-Stangen, 3 Tausender-Würfel, 5 Hunderter-Platten

e) 6 Zehntausender-Stangen, 5 Hunderter-Platten, 2 Zehner-Stangen

dreißigtausend

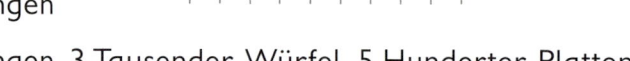

③ Lies die Zahlen. Sprich die Tausender wie Maria.

fünfundvierzigtausend-
dreihunderteinundzwanzig

a)

ZT	T	H	Z	E
4	5	3	2	1
5	4	2	1	6
6	7	7	0	7
7	1	0	0	4
1	2	3	0	6

b)

ZT	T	H	Z	E
3	0	1	9	2
9	9	9	9	9
8	2	5	4	0
4	3	0	1	2
1	1	7	8	0

22

1 Stufenzahlen in verschiedenen Einheiten darstellen;
2 von der Materialbeschreibung zum Eintrag in der Stellentafel;
3 Lesehilfe schaffen, große Zahlen lesen

E▶11 AH▶11 A▶11

④ Schreibe die Zahlen. Lies die Zahlen.

HT	ZT	T	H	Z	E
	●●●●	●●●	●●●●●	●●●●	●●
	●●●	●●●●	●●	●●●●●	●●●
	●●●●● ●●●	●●●●● ●	●●●● ●●	●●	●●●●●
●					
	●●●●●	●●	●●●●● ●●●	●●●●	●●●●● ●●●
	●●●●● ●●●	●●●●●	●●●	●●●●●	●●●●●
	●●●●● ●	●●●●● ●●	●●●	●●●●● ●●	●●●●

Beginne mit der größten Zahl.

---

⑤ Lege mit Zahlenkarten und schreibe als Plusaufgabe wie im Beispiel.

a) sechsundzwanzigtausenddreihundertsiebenundfünfzig

S. 23, Nr. 5

2 6 3 5 7   26357 = 20000 + 6000 + 300 + 50 + 7

b) neununddreißigtausendvierhundertsechsundsiebzig

c) vierundsechzigtausendzweihundertachtunddreißig

d) zweitausendeinhundertsechsundvierzig

e) achtundsiebzigtausendfünfhundertvierundneunzig

f) siebenundvierzigtausendachthundertzwanzig

g) fünfundachtzigtausenddreihundertsiebenundsechzig

---

⑥ Lege die Zahlen zuerst mit den Ziffernkärtchen. Trage sie dann in eine Stellentafel ein.

a) Bilde die kleinstmögliche fünfstellige Zahl.

b) Bilde die größtmögliche fünfstellige Zahl.

c) Bilde alle Zahlen, die größer als 97 000 sind.

d) Bilde alle Zahlen, die kleiner als 42 000 sind.

e) Bilde alle Zahlen, die größer als 30 000, aber kleiner als 45 000 sind.

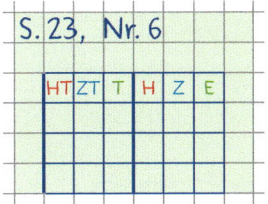

S. 23, Nr. 6

HT	ZT	T	H	Z	E

4 Zahlen schreiben und lesen;
5 vom Zahlwort über die Zahlenkarten zur Summenschreibweise;
6 Zahlen nach Vorgabe mit Ziffernkärtchen legen und in eine Stellentafel eintragen

E ▶11   AH ▶11   A ▶11

23

Orientierung im Zahlenraum bis 100 000

① Welche Zahlen gehören zu den Buchstaben?

Achte auf die Größe der Schritte.

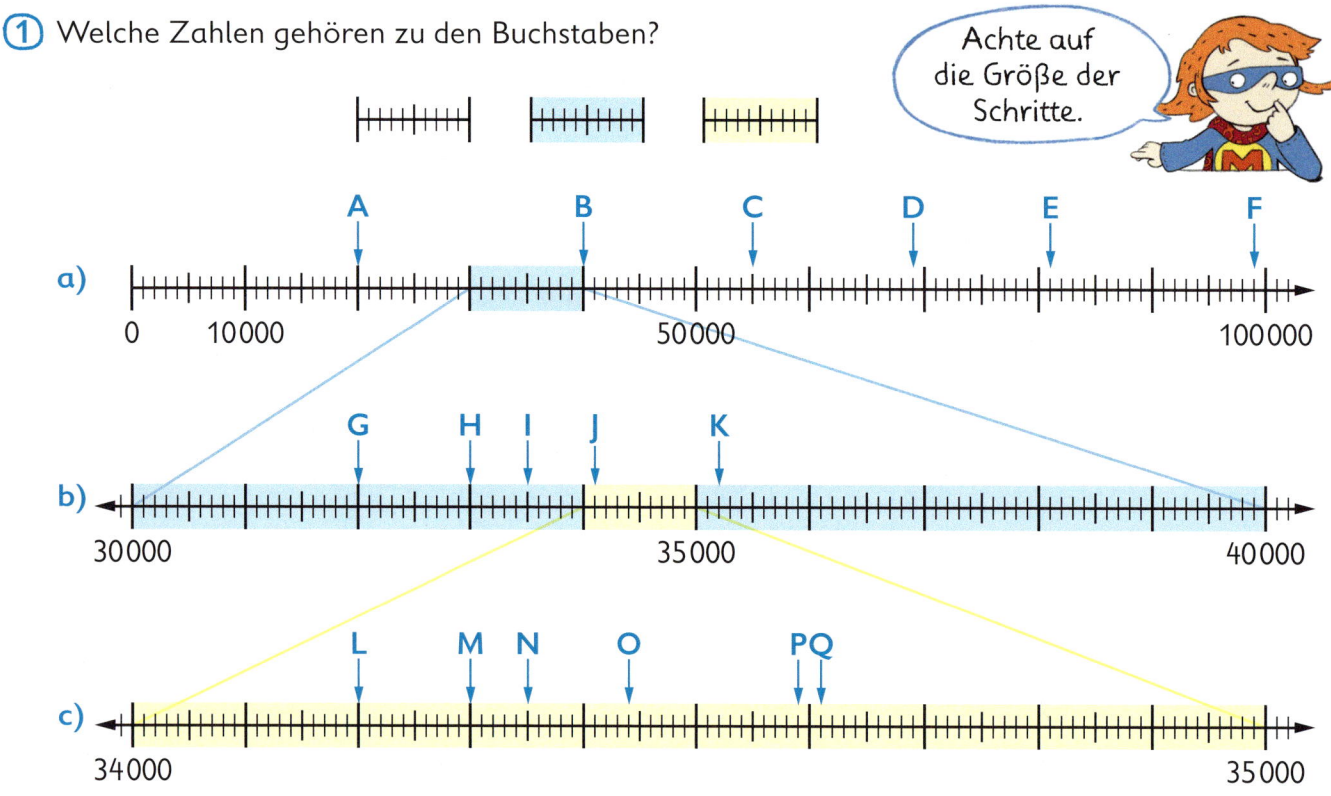

② Zeige am Zahlenstrahl in Aufgabe 1:
   a) 12 000, 32 000, 52 000, 72 000, 92 000
   b) 30 600, 32 600, 33 600, 34 600, 35 600
   c) 34 050, 34 150, 34 250, 34 350, 34 450

③ **a)** Wie viele Zahlen umfasst der Ausschnitt ungefähr?
   Notiere deine Überlegungen mit Hilfe der Textbausteine.

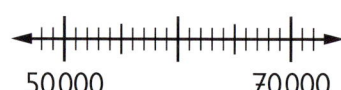

50 000   70 000

> In die Mitte zwischen 50 000 und 70 000 gehört die Zahl ___.

> Jedem Abschnitt sind ___ Zahlen zuzuordnen.

> Die Strecke zwischen 50 000 und 70 000 ist in ___ gleich große Abschnitte unterteilt.

b) Bestimme die erste und die letzte Zahl, die auf diesem Ausschnitt genau abgelesen werden kann.

④ Welche Zahl ungefähr? Beschreibe, was du dir überlegt hast.

a)

20 000   80 000

b)
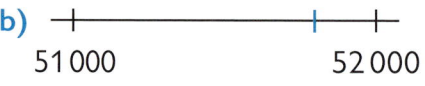
51 000   52 000

c)
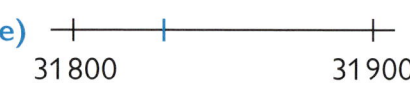
85 200   85 300

d)

64 350   64 360

e)
31 800   31 900

f)

76 400   76 500

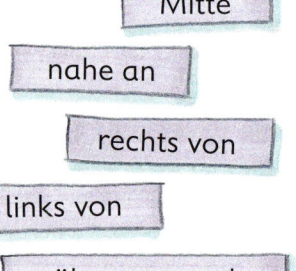

Mitte

nahe an

rechts von

links von

näher an ___ als

1–2 Orientierung am Zahlenstrahl, wechselnde Ausschnitte und wechselnde Einheiten;
3 Ausschnitt mit Hilfe der Textbausteine kommentieren; 4 Zahlen einschätzen

E▶12 AH▶12 A▶12

5 Von 22 500 immer sechs Schritte weiter.

a) in Hunderterschritten
b) in Tausenderschritten
c) in Zehntausenderschritten
d) in Fünfzigerschritten
e) in Fünfhunderterschritten
f) in Fünftausenderschritten

---

6 Bestimme die Nachbarzahlen zu: 36 475 73 599 90 940 24 600 4 001 89 001

V	Zahl	N

NH	Zahl	NH

NT	Zahl	NT
36 000	36 475	37 000

NZ	Zahl	NZ

NZT	Zahl	NZT

---

7 Setze < oder > ein.

a)
12 830 ◯ 18 320
10 470 ◯ 10 740
25 110 ◯ 25 210
23 101 ◯ 23 110

b)
36 515 ◯ 36 315
42 010 ◯ 48 010
94 313 ◯ 94 331
40 580 ◯ 41 080

c)
24 508 ◯ 42 805
73 076 ◯ 73 067
51 151 ◯ 51 501
69 407 ◯ 96 707

d)
13 605 ◯ 13 506
32 456 ◯ 33 345
46 987 ◯ 46 977
50 409 ◯ 50 410

---

8 Ergänze zu 100 000.

a)
60 000 + _____ = 100 000
30 000 + _____ = 100 000
75 000 + _____ = 100 000
27 000 + _____ = 100 000

b)
99 100 + _____ = 100 000
80 200 + _____ = 100 000
70 900 + _____ = 100 000
55 400 + _____ = 100 000

c)
95 900 + _____ = 100 000
81 200 + _____ = 100 000
78 500 + _____ = 100 000
25 500 + _____ = 100 000

9

a) 20 000
10 000	
13 000	
4 000	
8 000	
12 500	

b) 50 000
20 000	
	35 000
31 500	
	26 500
47 300	

c) 70 000
60 000	
	18 200
33 300	
	9 400
24 050	

d) 80 000
	50 700
68 100	
	68 010
68 001	
	48 010

10

ZT	T	H	Z	E

a) Max nimmt ein Plättchen weg. Welche Zahlen können entstehen?

b) Welche Zahlen können entstehen, wenn Max ein Plättchen dazulegt?

5 Folgen aufschreiben, die durch gleichmäßige Schritte am Zahlenstrahl entstehen;
6 Nachbarzahlen; 7 Relationszeichen einsetzen; 8 ergänzen; 9 Zerlegungshäuser ausfüllen;
10 fünfstellige Zahlen systematisch verändern

E ▶ 12 AH ▶ 12 A ▶ 12

25

Längen/Entfernungen

①

In den Ferien sind wir von Flensburg nach München gefahren.

Wir wohnen in Hamburg, aber mein Vater arbeitet in Bremen.

a) Berechne die Fahrtstrecke von Naomis Familie für die Hin- und Rückfahrt.

b) Wie viele Kilometer fährt Leas Vater ungefähr am Tag, in der Woche (5 Arbeitstage), im Monat ($4\frac{1}{2}$ Wochen)? Überschlage.

c) Leas Vater hat etwa einen Monat im Jahr Urlaub.

d) Erfinde weitere Aufgaben zu Entfernungen in Deutschland.

Von Berlin aus sind wir noch zu meiner Oma nach Istanbul gefahren.

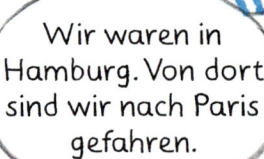

Wir waren in Hamburg. Von dort sind wir nach Paris gefahren.

② Entfernungen in Straßenkilometern

	Istanbul	Rom	Paris	London	Warschau
Berlin	2 291 km	1 515 km	1 054 km	1 092 km	589 km
Hamburg	2 499 km	1 668 km	892 km	921 km	868 km
Köln	2 474 km	1 402 km	492 km	582 km	1 109 km
München	1 894 km	918 km	840 km	1 145 km	1 121 km

a) Max fährt in den Ferien von Berlin aus zu seiner Oma nach Köln. Anschließend geht es nach Rom in den Urlaub. Von dort aus fährt die Familie nach 2 Wochen direkt zurück nach Berlin.

• ☐ • b) Erfinde eigene Aufgaben zu Entfernungen für deinen Partner.

1 Fahrstrecken anhand einer Straßenkarte ermitteln und Fahrleistungen überschlägig berechnen;
2 Daten aus einer Entfernungstabelle entnehmen und weiterverarbeiten; eigene Aufgaben erfinden

E ▶13   AH ▶13   A ▶13

③ **Entfernungen in Flugkilometern**

	Istanbul	Rom	Paris	London	Warschau
Berlin	2 195 km	1 506 km	1 055 km	1 092 km	574 km
Hamburg	2 485 km	1 713 km	896 km	921 km	851 km
Köln	2 469 km	1 404 km	492 km	574 km	1 107 km
München	1 890 km	920 km	840 km	1 136 km	810 km

a) Jans Vater ist Pilot. Er fliegt täglich zweimal von Berlin nach Paris und zurück. Wie viele Kilometer legt er am Tag zurück, wie viele in der Woche (5 Arbeitstage)? Überschlage.

b) Überschlage auch die Flugkilometer für einen Piloten, der täglich einmal die Strecke Hamburg–Rom und zurück fliegt, für einen Tag und für eine Woche.

c) Wie lange brauchen die Piloten ungefähr, um eine Strecke zu fliegen, die einer Erdumrundung entspricht.

Einmal um die Erde: etwa 40 000 km.

④ Viele Ziele in Europa kann man mit dem Auto oder dem Flugzeug erreichen. Vergleicht.

Fahrzeit mit dem Auto

	Istanbul	Rom	Paris	London	Warschau
Berlin	27 h	13 h 50 min	10 h 2 min	11 h 7 min	7 h 11 min
Hamburg	25 h	15 h 16 min	8 h 11 min	9 h 34 min	9 h 33 min
Köln	25 h	13 h 32 min	4 h 57 min	6 h 38 min	9 h 48 min
München	19 h 16 min	8 h 56 min	7 h 54 min	11 h 23 min	9 h 41 min

Flugzeit

	Istanbul	Rom	Paris	London	Warschau
Berlin	2 h 45 min	2 h 5 min	1 h 45 min	1 h 55 min	1 h 35 min
Hamburg	3 h	2 h 8 min	1 h 30 min	1 h 35 min	1 h 25 min
Köln	3 h 5 min	2 h	1 h 25 min	1 h 10 min	3 h 10 min mit Umsteigen
München	2 h 35 min	1 h 30 min	1 h 35 min	1 h 55 min	1 h 30 min

Sucht euch Strecken aus und vergleicht den Zeitaufwand.

Rechnet beim Fliegen jeweils 1 Stunde zum Einchecken und eine halbe Stunde für die Wartezeit auf das Gepäck dazu.

Plant bei der Autofahrt alle 2 Stunden 15 Minuten Pause ein.
Bedenkt, dass ein Autofahrer bei mehr als 12 Stunden Fahrzeit zwischendurch schlafen (übernachten) sollte.

3 Flugkilometer berechnen, bzw. überschlägig bestimmen, Zeitbedarf für eine Flugstrecke ermitteln, die dem Erdumfang entspricht; **4** Fahrzeiten und Flugzeiten für Städteverbindungen in Europa vergleichen

E▶13 AH▶13 A▶13

27

Zahlen aus dem Flugverkehr

① Mit dem Flugzeug kannst du fast alle europäischen Ziele täglich erreichen.

a) Suche die angegebenen Städte und Zielorte auf der Karte und lies die Flugstrecken aus der Tabelle ab.

b) Berechne jeweils die Flug-kilometer für den Hin- und Rückflug.
   • Berlin–Paris
   • Köln–Stockholm
   • München–Rom

c) Alis Vater fliegt einmal im Monat geschäftlich nach Istanbul. Überschlage, wie viele Kilometer er ungefähr im Jahr auf den Strecken Berlin–Istanbul und Istanbul–Berlin zurücklegt.

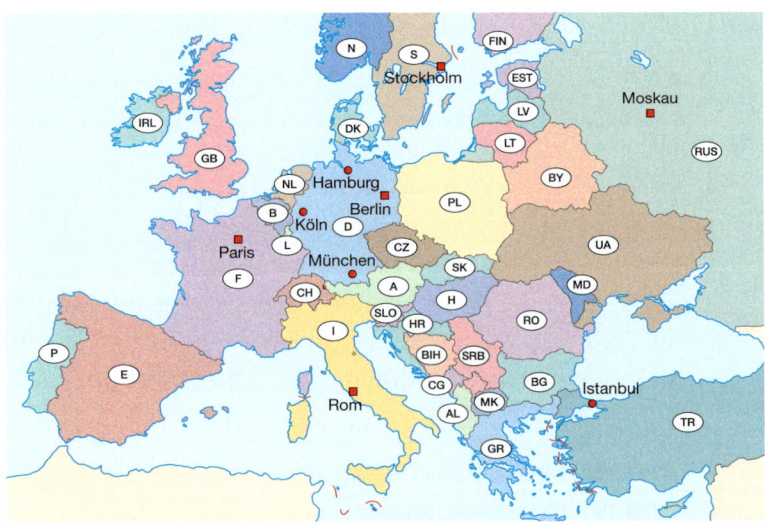

Entfernungen in Flugkilometern

	Paris	Rom	Stockholm	Istanbul
Berlin	1055 km	1506 km	1083 km	2195 km
Köln	492 km	1404 km	1399 km	2469 km
München	840 km	920 km	1628 km	1890 km

② Noah hat ein Flugzeugkartenspiel. Er vergleicht die Reichweite und die Geschwindigkeit der Flugzeuge, die zwischen den europäischen Städten verkehren.

> ### Geschwindigkeit
> Airbus A321:   840 km/h   Boeing 737-500:   795 km/h
> Bombardier CRJ900: 820 km/h   Embraer 195:   870 km/h

Airbus A321

Länge	44,51 m
Spannweite	34,09 m
Höhe	11,76 m
max. Geschwindigkeit	840 km/h
Reichweite	4350 km
max. Startgewicht	89 520 kg
Tankkapazität	29 500 l

a) Für welche Flugstrecken aus der Tabelle oben benötigt der Airbus mehr als 2 Stunden?

b) Schafft die Boeing den Flug Stockholm–München in 2 Stunden? Begründe deine Antwort.

> ### Reichweite
> Airbus A321:   4350 km   Boeing 737-500: 1790 km
> Bombardier CRJ900: 2440 km   Embraer 195:   2590 km

c) Welche Flugzeuge können nicht ohne Zwischenstopp von Köln nach Istanbul fliegen?

d) Wie oft könnte die Bombardier von Köln nach Paris und zurück fliegen, ohne tanken zu müssen?

> Meine Geschwindigkeit beträgt nur 15 km/h (Kilometer pro Stunde).

1 Orientierung auf der Europakarte, Berechnung von Flugkilometern;
2 Vergleich von Flugzeugtypen hinsichtlich Geschwindigkeit und Reichweite

E▶14   AH▶14   A▶14

③ Noahs Freund Jan vergleicht lieber Gewichte. Er vergleicht das maximale Gewicht der Flugzeuge beim Start.

Maximales Startgewicht			
Airbus A321:	89 520 kg	Boeing 737-500:	54 010 kg
Bombardier CRJ900:	37 990 kg	Embraer 195:	50 800 kg

Um die Zahlen einfacher vergleichen zu können, kann man runden.

> Beim Runden von Zahlen benutzen wir das Zeichen ≈. Es bedeutet: ___ ist ungefähr so viel wie ___.

89 5̲20 kg ≈ 90 000 kg

Runden

Die folgende Stelle entscheidet, ob aufgerundet oder abgerundet wird.

Bei 0, 1, 2, 3, 4: abrunden
Bei 5, 6, 7, 8, 9: aufrunden

a) Runde alle Gewichtsangaben auf Tausender.

```
+--+--+--+--+--+--+--+--+--+--+
89 000          89 520        90 000
```

b) Die Hersteller von Flugzeugen geben nicht nur das Startgewicht an, sondern auch das maximale Landegewicht. Dies beträgt beim Embraer zum Beispiel 45 000 kg. Notiere deine Vermutungen, warum das Flugzeug während des Fluges an Gewicht verliert.

④ Noahs Vater ist Pilot. Noah hat ihn nach seinen Flugkilometern gefragt und ein passendes Balkendiagramm gezeichnet.

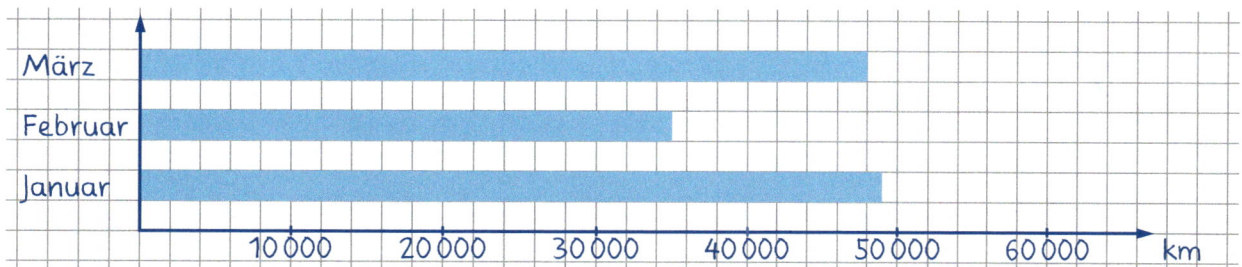

a) Wie viele Kilometer ist Noahs Vater im Januar (Februar, März) ungefähr geflogen?

b) Zeichne das Balkendiagramm in dein Heft und ergänze es. Runde dazu die Flugkilometer auf Tausender.

April: 41 628 km	Mai: 48 912 km	Juni: 51 537 km
Juli: 56 514 km	August: 59 009 km	September: 57 874 km

⑤ Kapitän Reuter arbeitet bei einer anderen Fluggesellschaft. Vor allem in den Sommermonaten fliegt er weniger Kilometer als Noahs Vater. Runde seine Flugkilometer auf Hunderter.

April: 48 926 km	Mai: 41 569 km	Juni: 45 192 km
Juli: 42 614 km	August: 39 848 km	September: 48 683 km

3 Vergleich von Flugzeugtypen hinsichtlich Start- und Landegewicht;
4 gerundete Zahlen aus einem Balkendiagramm ablesen, Zahlen runden und im Balkendiagramm darstellen;
5 Zahlen runden

Das kann ich schon!

Große Zahlen darstellen

1 a) Wie viele kleine Würfel sind es? Trage in eine Stellentafel ein.

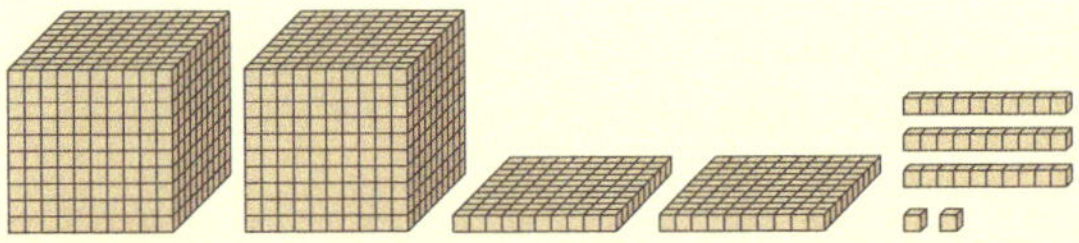

ZT	T	H	Z	E

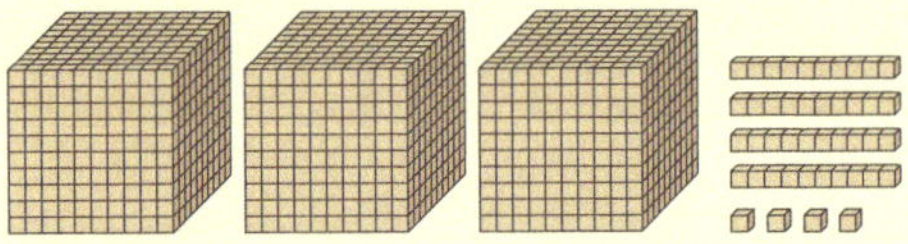

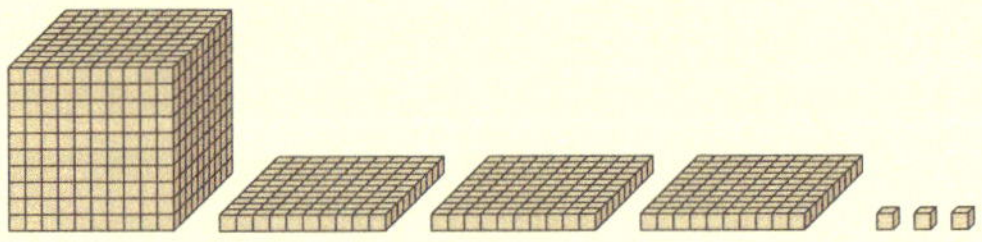

b) Lies die Zahlen und schreibe sie als Plusaufgabe.

ZT	T	H	Z	E
●	●●●	●●●●●	●●●●	●●
	●●●●● ●●	●●	●●●●● ●●●	●●●●
●●●●● ●●●		●●●●● ●●●	●●●●● ●●	●●●●●
●●	●●●	●●●●● ●	●●●	●●●●
●●●	●●●●		●●●	●●●●● ●●●●
●●●●●	●●●●● ●●●●	●●●●● ●●●●		●●●

```
1 0 0 0 0 + 3 0 0 0
+     5 0 0 +       4 0
+       2 =
```

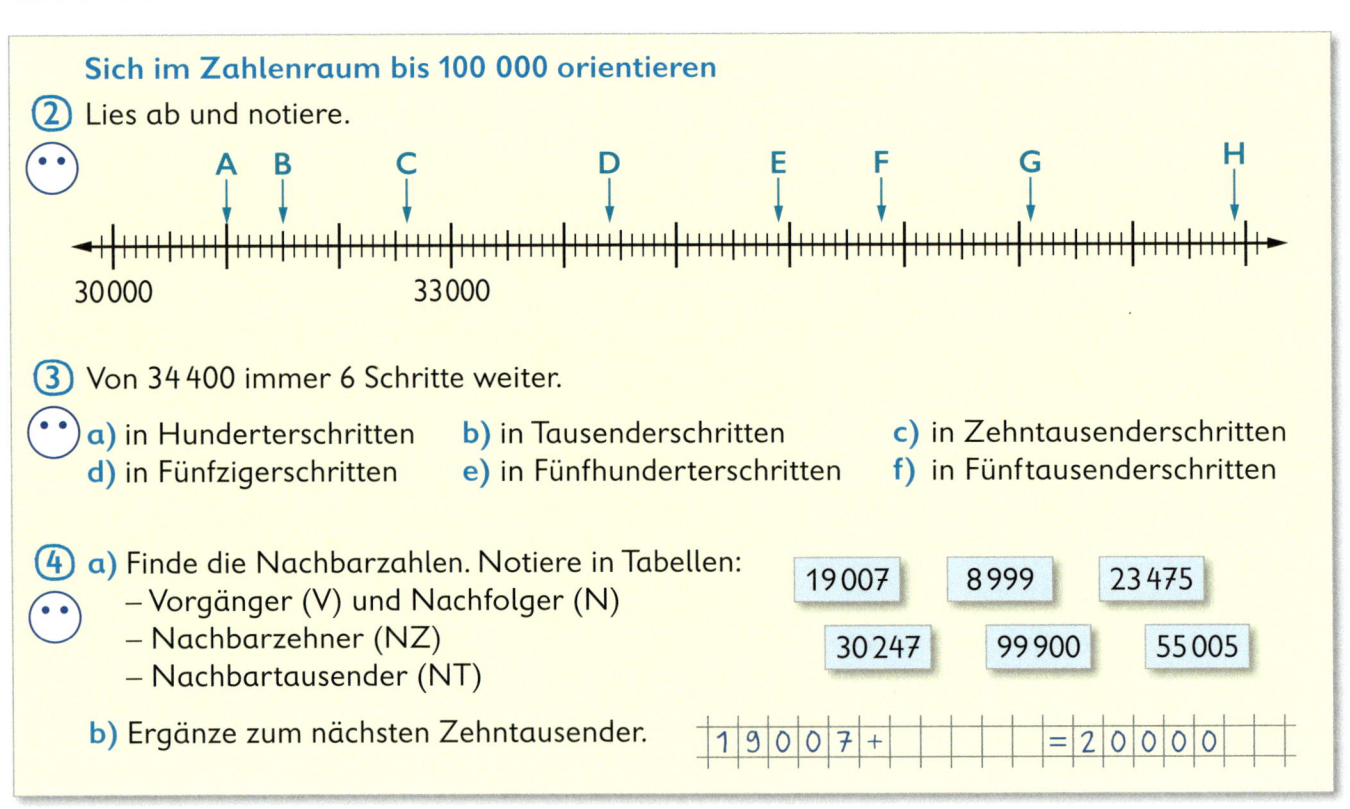

Sich im Zahlenraum bis 100 000 orientieren

2 Lies ab und notiere.

A B   C   D   E   F   G   H

30000   33000

3 Von 34 400 immer 6 Schritte weiter.

a) in Hunderterschritten   **b)** in Tausenderschritten   **c)** in Zehntausenderschritten
d) in Fünfzigerschritten   **e)** in Fünfhunderterschritten   **f)** in Fünftausenderschritten

4 a) Finde die Nachbarzahlen. Notiere in Tabellen:
  – Vorgänger (V) und Nachfolger (N)
  – Nachbarzehner (NZ)
  – Nachbartausender (NT)

19 007	8 999	23 475

30 247	99 900	55 005

b) Ergänze zum nächsten Zehntausender.

```
1 9 0 0 7 +             = 2 0 0 0 0
```

1 große Zahlen in verschiedenen Darstellungsformen erfassen und übertragen;
2 Orientierung am Zahlenstrahl; 3 Zahlenfolgen nach Vorschrift bilden;
4 Nachbarzahlen finden und zu Nachbarzahlen ergänzen

E▶15 A▶15

⑤ Welche Zahlen kann Super M legen?

ZT	T	H	Z	E
●		●●		●

Ich lege mit 4 Plättchen. Es gibt viele Zahlen.

Längen, Entfernungen und Zahlen aus dem Flugverkehr

⑥ Entfernungen in Straßenkilometern

	Istanbul	Rom	Paris	London	Warschau
Berlin	2291 km	1515 km	1054 km	1092 km	589 km
Hamburg	2499 km	1668 km	892 km	921 km	868 km
Köln	2474 km	1402 km	492 km	582 km	1109 km
München	1894 km	918 km	840 km	1145 km	1121 km

Mein Onkel wohnt etwa 500 km von Köln entfernt.

Unsere Reise ging von Köln nach Warschau und zurück.

Hin- und Rückfahrt von Köln aus waren fast 5000 km lang.

Was erfährst du aus den Aussagen der Kinder?
Stelle Fragen und beantworte sie mit Hilfe der Tabelle.

⑦ Noahs Vater ist Pilot. Im Sommer fliegt er täglich zweimal von Berlin nach Paris und zurück. Er arbeitet an 22 Tagen im Monat.

a) Runde auf ganze Tausender und berechne, wie viele Kilometer er in den 3 Sommermonaten ungefähr zurücklegt.

Entfernungen in Flugkilometern

	Paris	Rom	Stockholm	Istanbul
Berlin	1055 km	1506 km	1083 km	2195 km
Köln	492 km	1404 km	1399 km	2469 km
München	840 km	920 km	1628 km	1890 km

b) Letzten Winter hat er auf der Strecke Berlin–Rom gearbeitet.
Hier sind seine Flugkilometer:
Dezember: 66 264 km   Januar: 78 312 km   Februar: 57 228 km
Runde die Flugkilometer auf Hunderter.

5 Einsicht in Aufbau und Struktur des Stellenwertsystems nachweisen;
6 Fragen entwickeln und m. H. der Tabelle beantworten;
7 Hochrechnungen mit gerundeten Zahlen durchführen

31

E ▶ 15   A ▶ 15

Die Zahlen bis 1 000 000

1 M = 10 HT 1 000 000	1 HT = 10 ZT 100 000	1 ZT = 10 T 10 000	1 T = 10 H 1 000	1 H = 10 Z 100	1 Z = 10 E 10	1 E 1

10 Hunderttausender-Platten
=
1 Millionen-Würfel

M Millionen	HT Hundert- tausender	ZT Zehn- tausender	T Tausender	H Hunderter	Z Zehner	E Einer
1	0	0	0	0	0	0

① Finde die Ergebnisse mit Hilfe der Stellentafel.

a) 1 M = ＿＿ HT
1 M = ＿＿ ZT

b) 1 M = ＿＿ T
1 M = ＿＿ H

c) 1 M = ＿＿ Z
1 M = ＿＿ E

d) 1 HT = ＿＿ T
1 HT = ＿＿ H

② Trage in eine Stellentafel ein.
Wie viele kleine Würfel sind es?

a) 4 Hunderttausender-Platten

b) 7 Hunderttausender-Platten

vierhunderttausend

c) 3 Hunderttausender-Platten, 2 Zehntausender-Stangen, 8 Tausender-Würfel

d) 5 Hunderttausender-Platten, 6 Zehntausender-Stangen,
4 Tausender-Würfel, 9 Hunderter-Platten, 2 Zehner-Stangen

③ Lies die Zahlen.

Beim Lesen großer Zahlen hilft es, Dreiergruppen zu bilden.

einhundertfünfundzwanzigtausend-dreihundertvierundneunzig

a)

M	HT	ZT	T	H	Z	E
	1	2	5	3	9	4
	3	5	4	2	8	1
	3	4	5	2	1	8
	8	2	1	3	5	4
	2	0	3	4	2	6

1 mit Hilfe der Stellentafel eine Million in anderen Bündelungseinheiten darstellen;
2 von der anschaulichen Beschreibung zur Zahldarstellung in der Stellentafel;
3 große Zahlen lesen

32

E ▶ 16   AH ▶ 15   A ▶ 16

④ Lege mit Zahlenkarten.
Notiere die Zerlegung wie im Beispiel.

a) 392 465
   125 521
   493 187

b) 540 361
   207 186
   985 034

c) 888 008
   262 007
   500 416

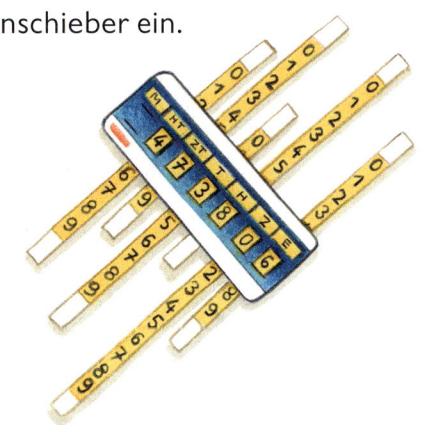

S. 33, Nr. 4														
3	9	2	4	6	5	=	3	9	2	0	0	0	+	4	6	5

⑤ Stellt abwechselnd die beschriebenen Zahlen mit dem Zahlenschieber ein.
•☐• Überprüft gemeinsam, ob alle Stellen richtig sind.
Schreibt dann die Zahlen in eure Hefte.

a) vierhundertdreiundsiebzigtausendachthundertsechs

b) neunhundertzwölftausendsiebenundvierzig

c) dreihundertachttausendfünfhundertneunzig

d) achthundertdreißigtausendzweihunderteins

e) zweihundertneunundneunzigtausendneun

⑥ Bestimme die Nachbarzahlen zu:

| 652 365 | 430 200 | 507 000 | 898 320 | 100 000 | 709 999 |

V	Zahl	N

NZ	Zahl	NZ

NT	Zahl	NT

NHT	Zahl	NHT

⑦ Setze < oder > ein.

a) 481 572 ◯ 536 791
   674 834 ◯ 698 220
   980 426 ◯ 990 426

b) 267 433 ◯ 268 510
   631 315 ◯ 631 268
   813 724 ◯ 813 742

c) 421 315 ◯ 421 351
   241 531 ◯ 214 541
   412 513 ◯ 412 315

⑧ Lege die Zahlen zuerst mit den Ziffernkärtchen.
Trage sie dann in eine Stellentafel ein.

a) Bilde die kleinstmögliche sechsstellige Zahl.
b) Bilde die größtmögliche sechsstellige Zahl.
c) Bilde alle Zahlen, die größer als 976 000 sind.
d) Bilde alle Zahlen, die kleiner als 130 000 sind.
e) Bilde alle Zahlen, die größer als 500 000, aber
   kleiner als 750 000 sind.

S. 33, Nr. 8							
M	HT	ZT	T	H	Z	E	

4 Zahlzerlegung mit Hilfe von Zahlenkarten;
5 vom Zahlwort zur Ziffernschreibweise unter Nutzung des Zahlenschiebers;
6 Nachbarzahlen bestimmen; 7 Zahlen vergleichen; 8 Zahlen nach Vorschrift bilden

E▶16 AH▶15 A▶16

Übungen im Zahlenraum bis 1 000 000

1 Orientierung am Zahlenstrahl.

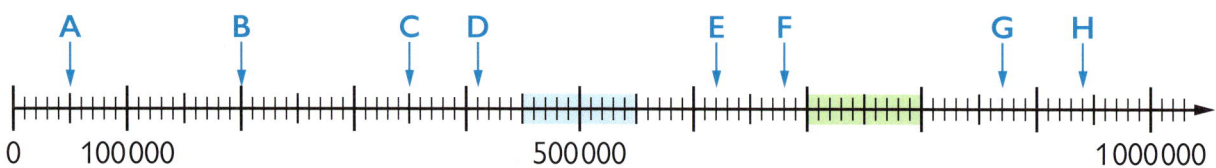

	A		B		C	D		E	F		G	H

0   100 000   500 000   1 000 000

a) Wie viele Zahlen gehören zu diesem Abschnitt des Zahlenstrahls?

b) Wie viele Zahlen kann man auf diesem Zahlenstrahl genau zeigen?

c) Wie viele Zahlen gehören zu dem blauen Abschnitt?

d) Notiere mindestens 10 Zahlen, die zum grünen Abschnitt gehören.

e) Welche Zahlen gehören zu den Buchstaben?

---

2 Super-Päckchen! Wie geht es weiter?

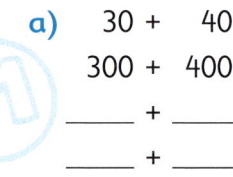

a)
30 + 40
300 + 400
____ + ____
____ + ____
____ + ____

b)
60 + 37
600 + 370
____ + ____
____ + ____
____ + ____

c)
55 + 26
550 + 260
____ + ____
____ + ____
____ + ____

d)
57 + 31
580 + 320
5 900 + ____
____ + ____
____ + ____

---

3 Super-Päckchen!

a)
90 − 50
900 − 500
9 000 − ____
____ − ____
____ − ____

b)
80 − 25
800 − 250
8 000 − ____
____ − ____
____ − ____

c)
73 − 57
730 − 570
____ − ____
____ − ____
____ − ____

d)
82 − 43
830 − 440
8 400 − ____
____ − ____
____ − ____

---

4 Berechne. Ergänze passende Beispiele.

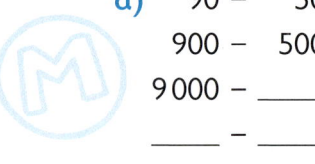

a)

1 000 000	
300 000	
	600 000

b)

1 000 000	
450 000	
	730 000

c)

1 000 000	
255 500	
	827 700

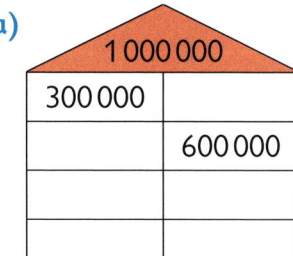

5 Finde möglichst viele Zahlen zwischen 956 477 und 958 500, die sich nur in der Tausender- und der Hunderterstelle unterscheiden.

Mit dem Zahlenschieber super einfach.

34

1 Orientierung am Zahlenstrahl; **2–3** Super – Päckchen fortschreiben;
4 Zerlegungshäuser mit passenden Beispielen füllen; **5** Zahlenschieber lösungswirksam nutzen

E▶17   AH▶16/17   A▶17

6 Setze die Zahlenfolgen fort. Notiere jeweils die Regel.

a) 38 000, 40 000, 42 000, … 52 000   Regel: immer + 2 000

b) 16 800, 17 200, 17 600, … 20 000   Regel: _____

c) 52 000, 49 000, 46 000, … 28 000   Regel: _____

d) 71 800, 71 600, 71 400, … 70 200   Regel: _____

Notiere eigene Zahlenfolgen und ihre Regeln.

7 Erprobt die Vorschläge der Kinder.

• Von 423 231 immer fünf Schritte weiter.

a) 5 Einerschritte
b) 5 Zehnerschritte
c) 5 Hunderterschritte
d) 5 Tausenderschritte
e) 5 Zehntausenderschritte
f) 5 Hunderttausenderschritte

Ich schreibe Zahlenfolgen.

Ich lege Plättchen in eine Stellentafel.

Ich nutze den Zahlenschieber.

Ich schreibe Rechenaufgaben.

Schreibt die Ergebniszahlen stellengerecht untereinander auf. Besprecht und notiert, was euch auffällt.

8 Rechne.

a) 123 000 + 6
123 000 + 600
123 000 + 600 000
123 000 + 60
123 000 + 60 000
123 000 + 6 000

b) 415 306 + 4
415 306 + 40
415 306 + 4 000
415 306 + 400
415 306 + 400 000
415 306 + 40 000

c) 987 654 − 40
987 654 − 40 000
987 654 − 400 000
987 654 − 400
987 654 − 4
987 654 − 4 000

d) 635 920 − 2 000
635 920 − 20
635 920 − 20 000
635 920 − 200 000
635 920 − 200
635 920 − 2

9

Welche Zahl liegt in der Mitte zwischen 25 000 und 26 000?   Jan

Benutze alle geraden Ziffern einmal, dazu die Null zweimal. Bilde die größtmögliche sechsstellige Zahl.   Lena

Bilde aus den Ziffern 0, 2, 4, 6, 8 die kleinstmögliche Zahl.   Nele

10 a) Welche Zahlen kann Super M legen?

HT	ZT	T	H	Z	E
●			●●		●

Ich lege nur mit 4 Plättchen. Es gibt viele Zahlen.

b) Berechne die Differenz zwischen der größten und der kleinsten möglichen Zahl.
Wie groß ist diese Differenz bei 5 (6, 7, 8, 9) Plättchen? Und bei 10 (11, 12, 13) Plättchen?
Notiere die Aufgaben. Wie verändert sich die Differenz?

6 Zahlenfolgen fortsetzen, Regeln notieren; 7 Anregungen verstehen, erproben, vergleichen und individuell nutzen; 8 Veränderungen stellenbezogen wahrnehmen; 9 Rätsel bearbeiten; 10 Einsicht in Aufbau und Struktur des Stellenwertsystems gewinnen

E▶17   AH▶16/17   A▶17

35

Umgang mit großen Zahlen

Zu Deutschland gehören 16 Bundesländer.
Jedes hat eine eigene Landeshauptstadt.

① In der Tabelle ist die Flächengröße der Bundesländer in Quadratkilometern angegeben.

a) Runde die angegebenen Zahlen auf volle Zehntausender. Schreibe eine Liste der Bundesländer
nach der Flächengröße geordnet.

> Ein Quadratkilometer (1 km²)
> ist der Flächeninhalt eines Quadrates
> mit der Kantenlänge 1 km.

> Beim Runden
> ist immer die folgende
> Stelle entscheidend.

$\text{3}\,\text{5}\,751 \text{ km}^2 \approx 40\,000 \text{ km}^2$

Bundesland	Fläche in km²
Baden-Württemberg	35 751
Bayern	70 550
Berlin	892
Brandenburg	29 654
Bremen	419
Hamburg	755
Hessen	21 115
Mecklenburg-Vorpommern	23 212
Niedersachsen	47 614
Nordrhein-Westfalen	34 110
Rheinland-Pfalz	19 854
Saarland	2 569
Sachsen	18 420
Sachsen-Anhalt	20 452
Schleswig-Holstein	15 800
Thüringen	16 173
Deutschland	

② Arbeite weiter mit den gerundeten Zahlen aus Aufgabe 1.
- **a)** Wie groß sind die vier größten Bundesländer zusammen?
- **b)** Berechne die Flächengröße von Deutschland.
- **c)** Vergleiche die Ergebnisse aus a) und b). Was fällt dir auf?

③ **a)** Ordne die Landeshauptstädte in einer Tabelle nach der Flächengröße.
Runde die Zahlen auf Zehner. Beginne mit der kleinsten Zahl.
b) Vergleiche bei den Stadtstaaten (Berlin, Hamburg, Bremen) die Flächen von Stadt und Land.

Landeshauptstädte	Fläche in km²
München	310,40
Hamburg	755.29
Berlin	891,85
Düsseldorf	217,41

Landeshauptstädte	Fläche in km²
Leipzig	297,36
Dresden	328,30
Erfurt	269,12
Bremen	325,42

1 Flächengrößen der Bundesländer runden;
2 Flächenvergleiche anstellen, mit Flächengrößen rechnen;
3 Landeshauptstädte (Flächengröße): Zahlen runden, vergleichen, ordnen

E▶18　AH▶18　A▶18

④ Berlin ist nicht nur Landeshauptstadt, sondern auch die Hauptstadt Deutschlands.
Sie ist mit 3 421 829 Einwohnern die größte deutsche Stadt.

Landeshauptstädte	Einwohnerzahl
Berlin (B)	3 421 829
Bremen (HB)	548 547
Dresden (DD)	530 754
Düsseldorf (D)	598 686
Erfurt (EF)	204 880
Hamburg (HH)	1 746 342
Hannover (H)	518 386
Kiel (KI)	241 533
Magdeburg (MB)	231 021
Mainz (MZ)	204 268
München (M)	1 407 836
Potsdam (P)	161 468
Saarbrücken (SB)	177 201
Schwerin (SN)	91 583
Stuttgart (S)	604 297
Wiesbaden (WI)	273 871

drei Millionen vierhunderteinundzwanzigtausend- achthundertneunundzwanzig

a) Runde die Einwohnerzahlen der sechs größten Landeshauptstädte auf Hunderttausender und ordne sie in einer Tabelle.

b) Stelle sie als Balkendiagramm dar.

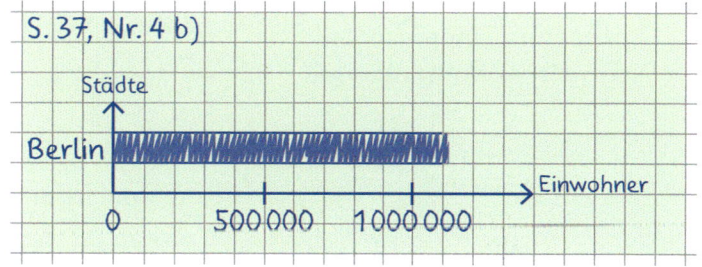

⑤ a) Suche Städte mit Einwohnerzahlen zwischen 200 000 und 300 000.
Runde die Zahlen auf Zehntausender und notiere sie.

Erfurt

b) Ordne den Schaubildern die Städtenamen zu und erkläre mit Hilfe des Beispiels, wie die Schaubilder zu lesen sind.

⑥ a) Runde die Einwohnerzahlen von Düsseldorf und Stuttgart auf Zehntausender und stelle sie
•□• als Schaubild wie in Aufgabe 5 dar.

b) Welche Information liefern die Diagramme über die Nutzung der Verkehrsmittel in diesen Städten?

Düsseldorf

188 586
132 908
75 434
201 757

■ Fahrrad
■ zu Fuß
■ öffentlicher Nahverkehr
■ PKW

Stuttgart

157 117
30 214
145 031
271 934

4 Einwohnerzahlen runden, vergleichen, ordnen, als Balkendiagramm darstellen;
5 Schaubilder lesen und interpretieren; 6 gerundete Zahlen als Schaubilder darstellen;
Kreisdiagrammen Informationen entnehmen, sie lesen und verstehen

E▶18 AH▶18 A▶18

37

Volumina

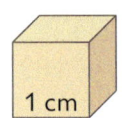

① Den Einerwürfel kennst du schon. Alle Kanten sind genau 1 cm lang. Deshalb nennt man ihn auch **Zentimeterwürfel**. Rechne und notiere in deinem Heft.

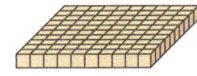

Die Zehnerstange ist ___ cm lang, ___ cm breit und ___ cm hoch.

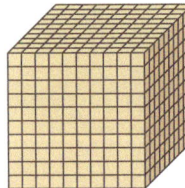

Die Hunderterplatte ist ___ cm lang, ___ cm breit und ___ cm hoch.

Der Tausenderwürfel ist ___ cm lang, ___ cm breit und ___ cm hoch.

---

② Wie viele Zentimeterwürfel passen in einen Würfel von 10 cm Kantenlänge?

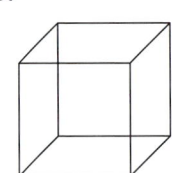

> Der Platz, den ein Gegenstand oder eine Flüssigkeit einnimmt, heißt auch **Rauminhalt** oder **Volumen**.
> Der Rauminhalt, den der Zentimeterwürfel einnimmt, heißt **1 Kubikzentimeter**, kurz: **1 cm³** (oder ccm).

---

③ In den gleichen Würfel passt auch genau 1 Liter Wasser. 1 Milliliter Wasser nimmt den gleichen Raum ein wie ein Zentimeterwürfel.

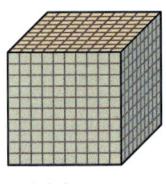

$1000\ cm^3$

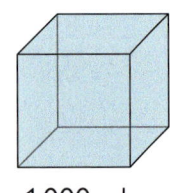

$1000\ ml$

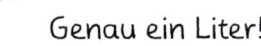

Genau ein Liter!

a) Wie viele Zentimeterwürfel passen in die Gefäße?

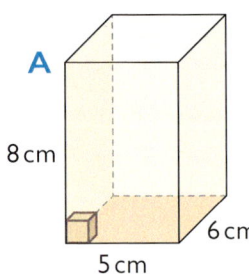

A 8 cm, 5 cm, 6 cm

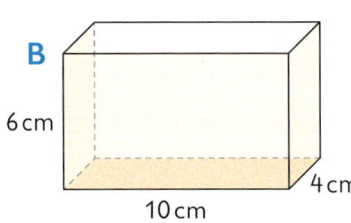

B 6 cm, 10 cm, 4 cm

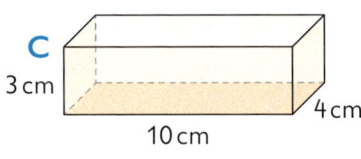

C 3 cm, 10 cm, 4 cm

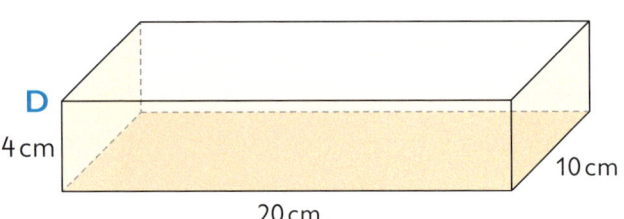

D 4 cm, 20 cm, 10 cm

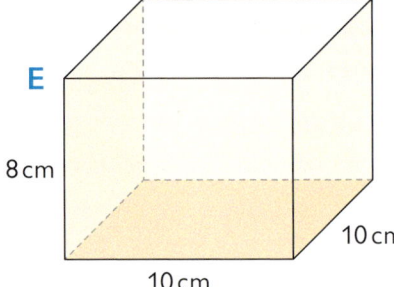

E 8 cm, 10 cm, 10 cm

b) Wie viele Milliliter Wasser passen in die Gefäße? Gib die Wassermengen auch in Litern an.

---

1 vom Einerwürfel zum Tausenderwürfel; **2** Volumen des Zentimeterwürfels als Maßeinheit für Volumina; **3** 1000 Zentimeterwürfel (cm³) und die Flüssigkeitsmenge 1000 ml nehmen denselben Rauminhalt ein; Volumina von Quadern bestimmen

E ▶ 19   AH ▶ 19   A ▶ 19

④ Du legst 10 Tausenderwürfel zu einer Stange.

    a) Wie lang ist die Stange jetzt?
    b) Aus wie vielen Zentimeterwürfeln besteht sie?

⑤ Stelle dir vor, du hast so viele Tausenderwürfel, dass du
10 lange Stangen zu einer Platte zusammenlegen kannst.

    a) Wie lang und wie breit ist deine Platte?
    b) Wie hoch ist sie?
    c) Aus wie vielen Zentimeterwürfeln besteht deine Platte?

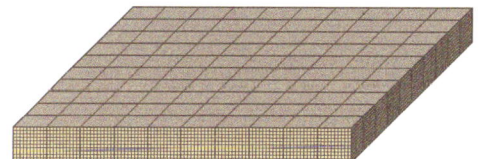

⑥ Nun legst du 10 Riesenplatten übereinander. Es entsteht ein Würfel. Notiere:

Der Würfel ist ___ lang, ___ breit und ___ hoch. Er besteht aus _____ Zentimeterwürfeln.

Wie viele Kinder passen in den Meterwürfel?

> Ein Würfel mit der Kantenlänge 1 m heißt auch Meterwürfel. Sein Rauminhalt beträgt einen **Kubikmeter**, kurz: 1 m³. Ein Meterwürfel fasst 1 Million (1 000 000) Zentimeterwürfel oder 1 000 000 Milliliter Wasser. Das sind 1000 Liter.

⑦ **a)** Schreibe in Millilitern.
    2 l; 1,5 l; 3,12 l; 7,5 l; 0,550 l; 0,7 l; 0,2 l; 5,08 l;
    $1\frac{1}{2}$ l; $2\frac{3}{4}$ l

    b) Schreibe in Litern.
    8 000 ml; 1 300 ml; 6 425 ml; 3 020 ml; 500 ml;
    105 ml; 10 ml; 5 ml; 225 ml; 1 ml

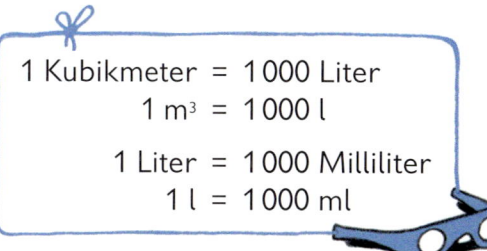

1 Kubikmeter = 1000 Liter
1 m³ = 1000 l
1 Liter = 1000 Milliliter
1 l = 1000 ml

⑧ Schreibe auf drei verschiedene Arten.

    a) 6 731 ml   **b)** 7 l 100 ml   **c)** 5,031 l
        4 060 ml   2 l 250 ml   5,30 l
        5 637 ml   1 l 10 ml   0,260 l

S. 39, Nr. 8													
6	7	3	1	ml	= 6	l	7	3	1	ml	= 6,	7	3	1	l

⑨ Wie viele Zentimeter hoch steht das Wasser in einem Würfel mit der Kantenlänge 10 cm?

    a) 1 l   **b)** $\frac{1}{2}$ l   **c)** $\frac{1}{4}$ l   **d)** $\frac{3}{4}$ l   **e)** 100 ml   **f)** 900 ml

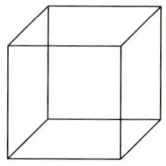

4–5 Maße zusammengesetzter Tausenderwürfel bestimmen;
6 Bau eines Meterwürfels (vorstellendes Operieren);
7–8 Flüssigkeitsmengen in verschiedenen Einheiten angeben; 9 Füllhöhe im Würfel berechnen

E▶19   AH▶19   A▶19

39

Gewichte

GIRAFFE

Lebensraum: Savanne in Afrika

Nahrung: Blätter, Gras, kleine Zweige, bis 80 kg pro Tag

Alter: bis 30 Jahre

Gewicht: bis zu 1900 kg

Größe: bis zu 5,80 m hoch

AFRIKANISCHER ELEFANT

Lebensraum: Savanne südlich der Sahara

Nahrung: Gräser, Wurzeln, Äste, Früchte, bis 250 kg pro Tag

Alter: bis 70 Jahre

Gewicht: bis zu 6000 kg

Größe: bis zu 3 m hoch

FLUSSPFERD

Lebensraum: Afrika

Nahrung: Pflanzen, bis 50 kg pro Tag

Alter: bis 40 Jahre

Gewicht: bis zu 4500 kg

Größe: bis zu 1,50 m hoch und 4 m lang

① a) Lies die Steckbriefe und besprich sie mit einem Partner. Was fällt euch auf?

> 1 Tonne = 1000 Kilogramm
> 1 t = 1000 kg

b) Im Wuppertaler Zoo leben im Augenblick nur noch 7 afrikanische Elefanten, nachdem 4 an einen holländischen Tierpark abgegeben wurden. Wie viel Kilogramm Futter spart der Zoo dadurch pro Tag?

c) Erstelle eigene Steckbriefe über Zootiere.

② Der Zoo in Münster hat auf seiner Homepage veröffentlicht, wie viel Futter etwa im Jahr verbraucht wird.

> Das Komma trennt Tonne und Kilogramm.
>
> 6 500 kg = 6,500 t
> kürzer: 6,5 t

Jahresverbrauch	
360 000 kg	Heu, zusätzlich Gras von eigenen Wiesen
220 000 kg	Gemüse, z.B. 45 000 kg Möhren, 160 000 Köpfe Salat
140 000 kg	Obst, z.B. 50 000 kg Äpfel, 20 000 kg Bananen; Nüsse
52 000 kg	Futterrüben und Kartoffeln
22 000 kg	Fisch, vorwiegend Heringe
8 000 kg	Fleisch
10 000 kg	Brot, Brötchen, Zwieback
300 kg	Mehlwürmer
600 kg	Himbeerblätter
360 000	Heuschrecken und Insekten
6 000	Eier

a) Wandle alle Kilogrammangaben in Tonnen um.

b) Notiere auch die Gewichte der Tiere aus Aufgabe 1 in Tonnen.

S. 40, Nr. 2
360 000 kg Heu = 360 t Heu

1 Informationen aus Steckbriefen lösungswirksam einsetzen, eigene Steckbriefe erstellen.
2 Gewichtsangaben in andere Einheiten umwandeln

E ▶ 19   AH ▶ 20   A ▶ 19

3 a) Überlege, welche Gewichtsangaben passen.

| 78 kg | 1 020 kg | 333 400 kg | 5 620 kg | 3 800 kg | 1 840 kg |

b) Trage die Gewichtsangaben in eine Tabelle ein und wandle sie in Tonnen um.

S. 41, Nr. 3	t	kg	
Elefant	5 6 2 0	5,6 2 0 t	

4 Schreibe auf drei Arten, die Tabelle aus ③ kann dir helfen.

a) 7 328 kg
  4 971 kg
  19 724 kg
  32 180 kg

b) 9 000 kg
  9 007 kg
  9 070 kg
  9 700 kg

c) 400 kg
  800 kg
  100 kg
  999 kg

S. 41, Nr. 4						
7 3 2 8 kg	= 7 t 3 2 8 kg	= 7,3 2 8 t				

5 Wandle um in Kilogramm.

a) $\frac{1}{2}$ t
  $\frac{1}{4}$ t
  $\frac{3}{4}$ t

b) $1\frac{1}{2}$ t
  $2\frac{3}{4}$ t
  $5\frac{1}{4}$ t

c) 1,345 t
  10,555 t
  6,175 t

d) 0,5 t
  0,05 t
  0,25 t

e) 1,25 t
  2,005 t
  4,75 t

f) 3,001 t
  8,97 t
  5,3 t

6 Das Elefantenbaby wiegt bei der Geburt schon etwa 100 kg, das Flusspferdbaby 30 bis 50 kg und ein Giraffenbaby zwischen 50 und 70 kg.

a) Vergleiche die Geburtsgewichte der Tierkinder.

b) Vergleiche das Gewicht der Tierbabys mit dem Gewicht der ausgewachsenen Tiere. Was fällt dir auf?

7 Es gibt noch viel schwerere Tierbabys. Zum Beispiel wiegt ein neugeborener Blauwal schon 2,5 t und ist 7 m lang. Wie viele Elefantenbabys wiegen so viel wie ein Blauwalbaby?

Eine Tabelle kann dir helfen.

Elefantenbabys	1	10				
Gewicht	100 kg					

3 Gewichtsangaben zuordnen; 4 Gewichtsangaben in verschiedenen Darstellungsweisen notieren;
5 Gewichtsangaben in kg umwandeln; 6–7 Gewichte vergleichen

E▶19 AH▶20 A▶19

41

Das kann ich schon!

Zahlen bis zu einer Million darstellen, zerlegen, runden und vergeichen

① Wie heißen die Zahlen? Schreibe sie in eine Stellentafel.

a) $10\,000 + 9\,000 + 900 + 80 + 2 =$ _____   b) $300\,000 + 50\,000 + 7\,000 + 400 + 20 + 1 =$ _____

$50\,000 + 3\,000 + 400 + 60 + 4 =$ _____ $200\,000 + 80\,000 + 4\,000 + 80 + 9 =$ _____

$80\,000 + 2\,000 + 70 + 7 =$ _____ $500\,000 + 60\,000 + 800 + 4 =$ _____

c) Notiere die Zerlegungen. Du kannst auch deine Zahlenkarten benutzen.

675 324   408 506   244 000   1 250 030   888 888

② Bestimme die Nachbarzahlen zu:

246 817   199 000   360 200   500 000   619 999

V	Zahl	N

NT	Zahl	NT

NZT	Zahl	NZT

NHT	Zahl	NHT

③ Lege die Zahlen zuerst mit diesen Ziffernkärtchen, trage sie dann in eine Stellentafel ein.

a) Bilde die größtmögliche sechsstellige Zahl.
b) Bilde die kleinstmögliche sechsstellige Zahl.
c) Finde alle Zahlen, die größer als 975 000 sind.
d) Finde alle Zahlen, die kleiner als 134 700 sind.

④

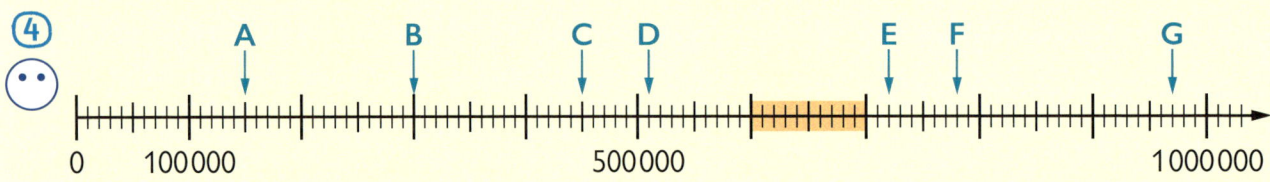

a) Welche Zahlen gehören zu den Buchstaben A bis G?

b) Wie viele Zahlen gehören zu diesem Abschnitt des Zahlenstrahls?

c) Welche Zahlen gehören zum orangen Abschnitt? Wie viele sind es?

d) Notiere mindestens 10 Zahlen aus dem orangen Abschnitt.

⑤ Setze die Zahlenfolgen fort. Notiere jeweils die Regel.

a) 78 000, 80 000, 82 000, … 100 000   Regel _____

b) 204 000, 201 000, 198 000, … 171 000   Regel _____

c) 444 800, 445 000, 445 200, … 447 000   Regel _____

d) 99 990, 99 940, 99 890, … 99 440   Regel _____

1–4 Zahlen vielfältig darstellen, zerlegen, runden und vergleichen.
5 Zahlenfolgen fortsetzen, Regeln notieren

E ▶ 20   A ▶ 20

6 Hier sind die Einwohnerzahlen der fünf kleinsten Hauptstädte der Bundesländer.

a) Runde die Einwohnerzahlen auf Tausender.

b) Zeichne für diese Städte Schaubilder.

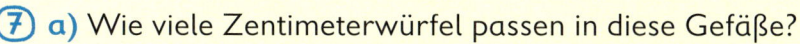 100 000 E   10 000 E   • 1 000 E

c) Denke dir ein Zeichen aus, mit dem du 1 000 000 Einwohner darstellen kannst. Nutze es, um die Einwohnerzahlen von Berlin, München und Hamburg aufzuzeichnen. Runde vorher auf Tausender.

Landeshauptstadt	Einwohnerzahl (E)
Schwerin	91 583
Potsdam	161 468
Saarbrücken	177 201
Mainz	204 268
Erfurt	204 880

Volumina und Gewichte

7 **a)** Wie viele Zentimeterwürfel passen in diese Gefäße?

b) Wie viele Milliliter Wasser passen in die Gefäße? Gib die Wassermenge auch in Litern an.

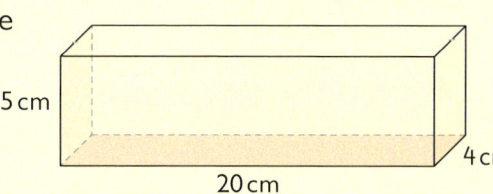
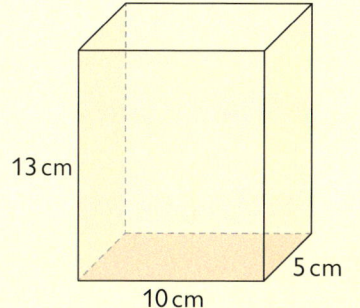

8 Schreibe auf drei verschiedene Arten.

| 4 345 ml | 8 l 250 ml | 4,365 l | 750 ml | 6 270 ml | 25 ml | 4 l 500 ml |

9 Wandle um in Kilogramm.

a) 1 250 g
    750 g
    86 g

b) $\frac{1}{2}$ t
    $\frac{3}{4}$ t
    $\frac{1}{4}$ t

c) 0,5 t
    1,030 t
    11,857 t

d) 2,125 t
    4,004 t
    0,8 t

10 Diese Futtermengen wurden in einem Zoo im Jahr 2014 verbraucht:

340 000 kg	Heu und Gras
210 000 kg	Gemüse, z.B. 56 000 kg Möhren, 70 000 Köpfe Salat
110 000 kg	Obst, z.B. 45 000 kg Äpfel, 20 000 kg Bananen; Nüsse
48 000 kg	Futterrüben und Kartoffeln
24 000 kg	Fisch, vorwiegend Heringe
12 000 kg	Fleisch
12 000 kg	Brot, Brötchen, Zwieback
300 kg	Mehlwürmer sowie 320 000 Heuschrecken und andere Insekten
10 500	Eier

Wandle alle Kilogrammangaben in Tonnen um.

6 Einwohnerzahlen runden und als Schaubilder darstellen, passendes Zeichen für die nächste Stufenzahl entwickeln; 7 Fassungsvermögen von Quadern in cm³ und in ml berechnen, 8–10 Füllmengen und Gewichtsangaben in anderen Einheiten darstellen

E ▶ 20   A ▶ 20

43

Halbschriftlich addieren und subtrahieren

① Welches Kind rechnet welche Aufgaben?
Notiere jede Aufgabe mit dem passenden vorgeschlagenen Rechenweg.

② Wähle für jede Aufgabe einen passenden Rechenweg.

a) 550 000 + 230 000	**b)** 640 000 − 320 000	**c)** 28 500 + 13 200	**d)** 76 900 − 12 600
460 000 + 340 000	970 000 − 350 000	56 400 + 33 600	45 700 − 34 500
240 541 + 15 999	485 755 − 4 255	74 356 + 23 999	90 000 − 44 999
347 202 + 199 998	257 635 − 57 135	27 998 + 12 345	86 475 − 23 998

③ Notiere, wie du die Aufgaben löst.

Viele Aufgaben rechne ich im Kopf.

a) 17 998 + 12 402	**b)** 76 998 + 22 500	**c)** 694 602 − 694 598
249 999 + 300 401	43 999 + 34 200	500 020 − 499 990
8 990 + 9 010	52 400 + 25 997	18 002 − 17 990
26 305 + 13 995	22 800 + 63 995	76 516 − 76 508

④ Rechne. Nutze die Veränderungen.

a) 36 000 + 21 700	**b)** 47 500 + 44 300	**c)** 74 000 − 53 500	**d)** 86 500 − 37 200
336 000 + 21 700	547 500 + 44 300	674 000 − 53 500	986 500 − 37 200

⑤ Rechne. Nutze die Veränderungen.

a) 45 300 + 3 400	**b)** 56 500 + 2 600	**c)** 77 800 − 5 200	**d)** 83 400 − 2 300
45 300 + 23 400	256 500 + 2 600	77 800 − 35 200	583 400 − 2 300
45 360 + 23 400	256 500 + 12 600	77 880 − 35 200	583 400 − 42 300
45 360 + 23 470	256 500 + 12 681	77 880 − 35 256	583 400 − 42 390

1 Aufgaben geeignete Rechenwege zuordnen; 2 passende Rechenwege nutzen;
3 erst schauen, dann rechnen: viele Aufgaben sind im Kopf lösbar;
4–5 Vereinfachungen durch die Aufgabenfolge erkennen und nutzen

E▶21 AH▶21 A▶21

6 a) Erkläre Vedats Rechenweg.

> Ich verändere die Aufgaben.

$$12\,400 + 17\,600 = 12\,000 + 18\,000 = 30\,000$$
$$76\,400 - 24\,600 = 76\,800 - 25\,000 = 51\,800$$

Wie veränderst du? Notiere deinen Rechenweg.

b) $14\,700 + 57\,300$
$47\,300 + 42\,700$
$28\,800 + 34\,200$
$66\,600 + 18\,400$

c) $439\,450 + 31\,440$
$261\,370 + 23\,220$
$341\,580 + 28\,410$
$613\,880 + 21\,120$

d) $83\,400 - 34\,600$
$72\,500 - 43\,500$
$44\,300 - 28\,700$
$65\,200 - 53\,800$

e) $796\,150 - 55\,850$
$262\,650 - 25\,350$
$117\,540 - 12\,460$
$345\,450 - 43\,550$

7 Ergänze.

a) $42\,730 + \underline{\hphantom{000}} = 88\,000$
$42\,830 + \underline{\hphantom{000}} = 88\,000$
$42\,930 + \underline{\hphantom{000}} = 88\,000$
$43\,030 + \underline{\hphantom{000}} = 88\,000$

b) $\underline{\hphantom{000}} + 17\,400 = 94\,000$
$\underline{\hphantom{000}} + 18\,500 = 94\,000$
$\underline{\hphantom{000}} + 19\,600 = 94\,000$
$\underline{\hphantom{000}} + 20\,700 = 94\,000$

c) $84\,900 - \underline{\hphantom{000}} = 27\,500$
$84\,700 - \underline{\hphantom{000}} = 27\,500$
$84\,500 - \underline{\hphantom{000}} = 27\,500$
$84\,300 - \underline{\hphantom{000}} = 27\,500$

8 Rechne geschickt.

a) $42\,000 + 36\,000 + 28\,000$
$19\,000 + 14\,000 + 56\,000$

b) $14\,500 + 26\,800 + 32\,500$
$17\,800 + 15\,200 + 41\,700$

c) $12\,999 + 25\,999 + 39\,999$
$37\,999 + 15\,999 + 44\,999$

d) $96\,000 - 34\,000 - 26\,000$
$88\,200 - 28\,000 - 18\,000$

e) $94\,500 - 23\,500 - 32\,900$
$77\,600 - 17\,800 - 47\,600$

f) $99\,400 - 59\,999 - 29\,999$
$68\,998 - 18\,999 - 44\,999$

9 Ergänze und setze fort.

a) $46\,850 + \underline{\hphantom{000}} + 3\,150 = 60\,000$
$46\,725 + \underline{\hphantom{000}} + 3\,150 = 60\,000$
$46\,600 + \underline{\hphantom{000}} + 3\,150 = 60\,000$
$\underline{\hphantom{000}} + \underline{\hphantom{000}} + 3\,150 = 60\,000$
$\underline{\hphantom{000}} + \underline{\hphantom{000}} + \underline{\hphantom{000}} = 60\,000$

b) $79\,800 - \underline{\hphantom{000}} - 4\,800 = 52\,000$
$78\,800 - \underline{\hphantom{000}} - 4\,800 = 52\,000$
$77\,800 - \underline{\hphantom{000}} - 4\,800 = 52\,000$
$\underline{\hphantom{000}} - \underline{\hphantom{000}} - 4\,800 = 52\,000$
$\underline{\hphantom{000}} - \underline{\hphantom{000}} - \underline{\hphantom{000}} = 52\,000$

10 Ergänze.

a) $\underline{\hphantom{000}} + \underline{\hphantom{000}} + \underline{\hphantom{000}} = 32\,040$
$\underline{\hphantom{000}} + \underline{\hphantom{000}} + \underline{\hphantom{000}} = 32\,040$
$\underline{\hphantom{000}} + \underline{\hphantom{000}} + \underline{\hphantom{000}} = 32\,040$

b) $\underline{\hphantom{000}} - \underline{\hphantom{000}} - \underline{\hphantom{000}} = 21\,500$
$\underline{\hphantom{000}} - \underline{\hphantom{000}} - \underline{\hphantom{000}} = 21\,500$
$\underline{\hphantom{000}} - \underline{\hphantom{000}} - \underline{\hphantom{000}} = 21\,500$

11

> Finde viele Möglichkeiten.

$$12\,345 + \underline{\hphantom{000}} + \underline{\hphantom{000}} = 100\,000$$
$$99\,999 - \underline{\hphantom{000}} - \underline{\hphantom{000}} = 11\,111$$

6 gegen- bzw. gleichsinniges Verändern als Lösungsstrategie verstehen und anwenden;
7 Ergänzungsaufgaben; 8 Rechenschritte vertauschen, Aufgaben vereinfachen;
9 Super – Päckchen vervollständigen und fortsetzen; 10–11 dreigliedrige Aufgaben erfinden

E▶21 AH▶21 A▶21

Schriftlich addieren und subtrahieren

① Addiere schriftlich.

a) 253 263
    + 347 455

b) 513 584
    + 486 416

c) 620 809
    + 39 539

d) 108 559
    + 752 123

e) 808 818
    +   7 224

600 718   660 348   750 507   816 042   860 682   1 000 000

---

② Schreibe die Zahlen stellengerecht untereinander. Addiere schriftlich.

a) 356 111 + 523 389 + 112 321
   221 806 + 57 269 + 523 812
   496 658 + 398 678 + 64 351

b) 69 344 + 121 800 + 14 753
   34 012 + 50 042 + 384 105
   32 156 + 289 500 +   5 759

c) 471 112 +   6 666 + 77 777
   31 515 + 79 651 + 240 809
   444 300 + 22 200 + 532 800

d) 12 869 + 521 233 + 328 652 +   88
   562 208 +   516 + 83 713 + 102 906
   398 498 +   9 896 + 98 398 + 287 569

135 255   205 897   327 415   351 975   468 159   555 555   749 343   794 361   802 887   862 842   959 687   991 821   999 300

---

③ Ergänze fehlende Zahlen und Ziffern.

a)
+	2	7	3	0	8
9	1	7	0	3

b)
| + | 4 | 0 | 2 | 9 | 2 |
| 9 | 3 | 0 | 3 | 0 |

c) 4 7 3 0 7
| + | | | | |
| 9 | 9 | 0 | 3 | 0 |

d) 4 0 0 8 6
| + | | | | |
| 7 | 9 | 9 | 1 | 8 |

e) 3   8 4
| + | | 2 | 2 | 0 |
| 9 | 4 | 9 | 9 |

f) 6   6 7
| + | 3 | 2 | 1 | 8 | 4 |
| 7 | 4 |

g) 2 6 3 1 5
| + | | 8 | | |
| 6 | 8 | | 6 | 9 |

h)   1   5 6 7
| + | | 9 | 5 | |
| 1 | 0 | 0 | 0 | 0 | 0 |

---

④ Lege mit den Ziffernkarten zwei fünfstellige Zahlen und addiere sie.

a) Rechne mindestens vier weitere Additionsaufgaben.

b) Finde Aufgaben, deren Summen möglichst klein sind.
Erkläre, wie du deine Aufgaben gefunden hast.

c) Finde die größte Summe. Gibt es mehrere Möglichkeiten mit diesem Ergebnis?

d) Finde mehrere Aufgaben, deren Summen nahe an 100 000 sind.
Kannst du die 100 000 genau treffen?
Erkläre, wie du deine Aufgaben gefunden hast.

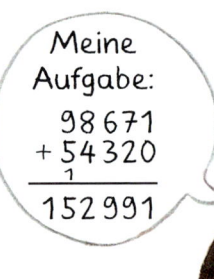

Meine Aufgabe:
  98 671
+ 54 320
   1

152 991

1 schriftlich addieren;
2 stellengerecht notieren und schriftlich addieren; 3 fehlende Ziffern rekonstruieren;
4 mit Hilfe von Ziffernkarten Aufgaben entsprechend den Vorgaben bilden und lösen, Lösungswege erklären

E▶22   AH▶22   A▶22

5 Subtrahiere schriftlich.

a)	b)	c)	d)	e)
586 421	628 953	883 954	905 324	100 000
− 326 351	− 135 715	− 75 664	− 828 016	− 53 267

46 733   77 308   95 230   260 070   493 238   808 290

---

6 Schreibe die Zahlen stellengerecht untereinander. Subtrahiere schriftlich.

a) 963 021 − 315 789
971 838 − 106 518
111 100 − 44 440

b) 862 356 − 306 815
611 115 − 55 563
710 979 − 173 656

c) 532 658 − 20 975
98 706 − 51 009
736 544 − 8 351

a) 121 410 − 1 289
904 047 − 896 479
20 084 − 10 401

e) 100 000 − 9 091
991 016 − 108 674
1 000 000 − 126 759

f) 909 532 − 999
707 007 − 78 779
100 056 − 547

7 568   9 683   47 697   66 660   90 909   99 509   120 121   256 201   511 683   537 323   555 541
555 552   647 232   628 228   728 193   865 320   873 241   882 342   908 533

---

7 Ergänze fehlende Zahlen und Ziffern.
Finde für g) und h) mehrere Lösungen.

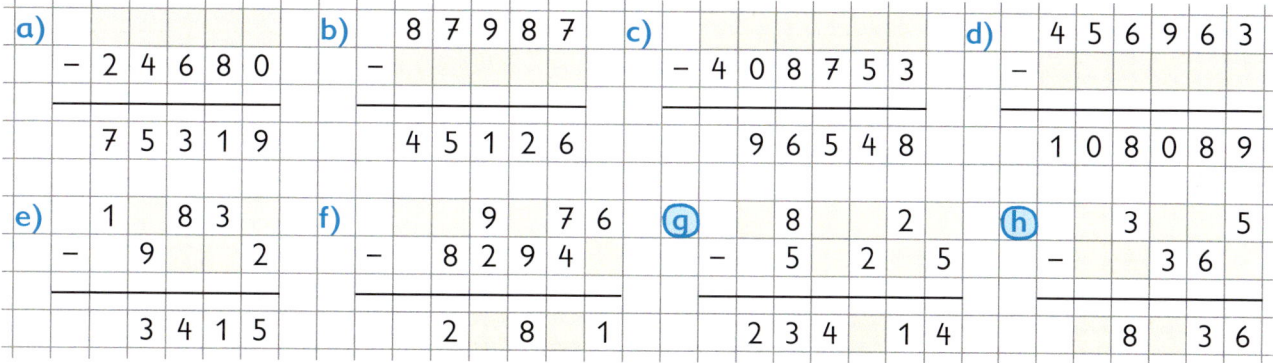

a)
| | − | 2 | 4 | 6 | 8 | 0 |
| | | 7 | 5 | 3 | 1 | 9 |

b)
8	7	9	8	7
−				
	4	5	1	2	6

c)
−	4	0	8	7	5	3
	9	6	5	4	8

d)
4	5	6	9	6	3
−					
1	0	8	0	8	9

e)
	1		8	3	
−		9		2	
	3	4	1	5	

f)
		9		7	6
−		8	2	9	4
		2		8	1

g)
	8		2	
−	5	2	5	
	2	3	4	1	4

h)
	3			5
−		3	6	
	8		3	6

---

8 Subtrahieren von zwei Zahlen.
Finde einen Rechenweg.

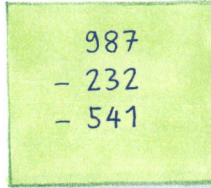

987
− 232
− 541

> Zuerst schreibe ich stellengerecht untereinander. Und dann?

a) 584 − 261 − 112
975 − 324 − 241
792 − 153 − 525
985 − 504 − 199

b) 6 762 − 2 356 − 2 231
8 358 − 1 526 − 5 142
5 052 − 3 323 − 640
7 898 − 939 − 2 367

c) 57 462 − 25 150 − 15 242
78 506 − 1 235 − 23 917
99 205 − 68 345 − 6 038
80 920 − 647 − 71 962

114   211   282   410   1 089   1 690   2 175   4 592   8 311   17 070   24 822   53 354   99 111

5 schriftlich subtrahieren;
6 stellengerecht notieren und schriftlich subtrahieren; 7 fehlende Zahlen und Ziffern rekonstruieren;
8 Rechenweg zur schriftlichen Subtraktion zweier Summanden entwickeln

E▶22   AH▶22   A▶22

47

Schriftlich addieren und subtrahieren üben

① Ergänze Zahlen im passenden Muster.
Beschreibe das Muster.
Schreibe eigene Aufgaben, die dasselbe Muster haben.

Die fehlende Zahl wird immer aus den Ziffern der ersten Zahl gebildet.

a)   45 321
   + 12 354

b)   17 958
   + 85 971

c)   50 263
   +

d)   83 758
   +

e)   73 202
   − 20 237

f)   55 323
   −

g)   48 364
   −

h)   61 851
   −

② Rechne schriftlich und setze fort. Beschreibe das Muster.
Schreibe eigene Aufgaben, die dasselbe Muster haben.

a)   12 985
   + 58 921
   ———
   71 906

     71 906
   + 60 917

     132 823
   +

b)   45 625
   + 52 654

     98 279
   +

     +

c)   945 121
   − 121 549

     823 572
   −

     −

d)   992 001
   − 100 299

     −

     −

③

17 007 − 6 007

36 500 − 36 500

78 604 − 39 935

12 606 − 8 606

SCHRIFTLICH   IM KOPF

4 986 + 1 000

39 998 − 30 004

964 341 − 589 320

100 001 − 54 999

976 531 + 28 945

631 579 + 248 103

80 998 + 1 002

630 000 − 420 000

386 454 − 30 000

358 379 − 358 369

a) Notiere die Aufgaben, die du im Kopf rechnest, mit ihren Ergebnissen.

b) Rechne die restlichen Aufgaben schriftlich.

④ Zahlenrätsel

Welche Zahl musst du zu 78 504 addieren, um 220 000 zu erhalten?
Noah

Welche Zahl ist um 10 020 größer als die Differenz von 975 245 und 315 745?
Ali

Welche Zahl ist um 37 800 größer als die Summe von 90 542 und 663 224?
Marlene

1–2 schriftlich addieren und subtrahieren, Muster beschreiben, Aufgaben fortschreiben;
3 aufgabenbezogen die Entscheidung für den Rechenweg treffen; 4 Zahlenrätsel lösen

E▶22   AH▶23   A▶22

⑤ ANNA-Zahlen

Meine Zahlen sehen immer so aus:
3553 9119 6006
8778

a) Warum werden diese Zahlen ANNA-Zahlen genannt?

b) Notiere viele ANNA-Zahlen.

c) Finde heraus, wie viele ANNA-Zahlen es gibt.

⑥ Bilde ANNA-Aufgaben.

Wähle eine ANNA-Zahl. Bilde aus den gleichen Ziffern die andere mögliche ANNA-Zahl.
Subtrahiere die kleinere von der größeren Zahl.
Schreibe und rechne mehrere Aufgaben.
Wie viele verschiedene Ergebnisse kommen bei deinen Aufgaben vor?
Schreibe alle Ergebnisse, die du gefunden hast, nach der Größe geordnet auf.

⑦ Berechne auch diese ANNA-Aufgaben.

9889	6446	7117	9559	8338
− 8998	− 4664	− 1771	−	−
————	————	————	————	————

Hier gibt es viel zu entdecken.

a) Vergleiche die Ergebnisse mit deinen Ergebnissen aus Aufgabe 6.

□ b) Vergleicht eure Ergebnisse. Was fällt euch auf?

c) Untersucht die Ergebnisse, die ihr gefunden habt.
  – Gibt es einen Zusammenhang zwischen den Zahlen und den Ergebnissen?
  – Welches ist das kleinste, welches ist das größte Ergebnis, das ihr gefunden habt?
  – Wie viele verschiedene Ergebnisse sind möglich?

d) Findet mehrere ANNA-Aufgaben mit dem Ergebnis 891.

e) Wie viele ANNA-Aufgaben gibt es mit dem Ergebnis 4455?

f) Zu welchem Ergebnis gibt es nur eine ANNA-Aufgabe? Schreibt sie auf.
  Notiert eine Begründung.

⑧ **Triff die 100 000**

□ *Material:* 1 Würfel, für jeden Spieler eine Stellentafel
Ziel: Zwei fünfstellige Zahlen bilden, deren Summe möglichst nahe
bei 100 000 liegt.

Spielregel:
Würfelt abwechselnd.
Jeder Spieler entscheidet, an welche Stelle er die
gewürfelte Zahl in seine Stellentafel einträgt.
Hat jedes Kind zwei fünfstellige Zahlen erwürfelt,
werden diese addiert.
Gewonnen hat derjenige, dessen Summe möglichst nahe an 100 000 ist.

HT	ZT	T	H	Z	E
+					

5 ANNA-Zahlen kennenlernen und erforschen; 6–7 ANNA-Aufgaben erforschen;
8 Partnerspiel regelgerecht durchführen, zielorientierte Entscheidungen treffen

E▶22 AH▶23 A▶22

49

Sachrechnen – Große Fußballstadien

① Große Fußballstadien in Deutschland.

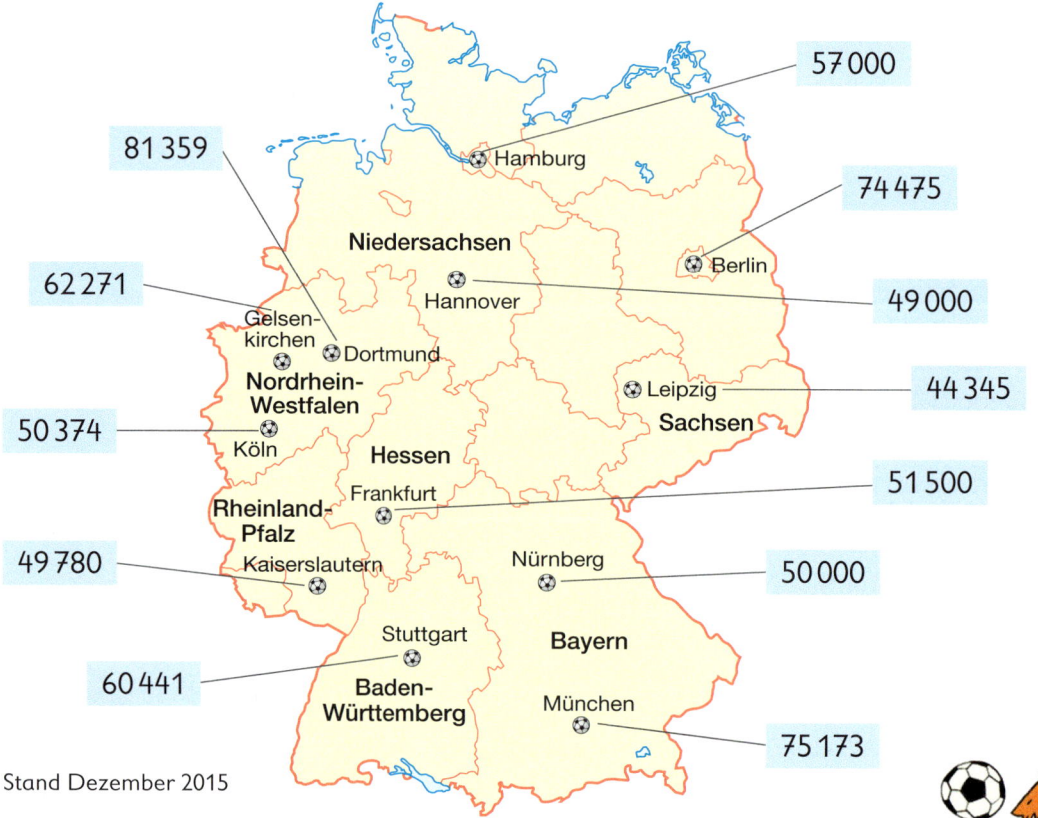

Stand Dezember 2015

a) Ordne die Stadien nach der Anzahl ihrer Zuschauerplätze.
Beginne mit dem kleinsten Stadion.

b) Wie groß ist die Differenz zwischen der Anzahl der Zuschauerplätze des größten
und des kleinsten Stadions?

c) Wie viel mehr Fans können ein Fußballspiel in Berlin anschauen als in Frankfurt?

d) Wie viele Zuschauerplätze gibt es in den hier angegebenen Stadien insgesamt?

e) Suche zu einem Stadion deiner Wahl Informationen im Internet.
Gestalte ein kleines Info-Plakat.

② Sitzplätze und Stehplätze in einigen Fußballstadien.

	München	Stuttgart	Frankfurt	Köln	Dortmund	Berlin	Gelsenkirchen
Plätze insgesamt	75 173	60 441	51 500	50 374	81 359	74 475	62 271
Sitzplätze		49 320	42 200			74 475	45 962
Stehplätze	15 294			8 175	28 673		

a) Übertrage die Tabelle in dein Heft. Berechne und ergänze die fehlenden Angaben.

b) Vergleiche die Anzahl der Sitz- und Stehplätze in allen Stadien.

c) Wie viele Spieltage müssen in Frankfurt ausverkauft sein, bis ungefähr 1 000 000 Karten
verkauft sind?

1 Anzahlen der Zuschauerplätze großer Fußballstadien ordnen und vergleichen,
Infoplakat mit Hilfe einer Internetrecherche erstellen;
2 fehlende Zahlen zur Vervollständigung der Tabelle berechnen

E▶23 AH▶24 A▶23

③ Welche Stadien sind gemeint?

In mein Heimatstadion passen 10 771 Fans weniger als in das Stadion von Gelsenkirchen.

Wenn es regnet, stehen in unserem Stadion 11 121 Fans im Regen.

Ich sitze lieber. Zum Glück gibt es bei uns im Stadion 24 013 Sitzplätze mehr als Stehplätze.

④ **a)** Das größte Fußballstadion Europas befindet sich in Barcelona.
Wie viele Plätze mehr hat es als das größte Stadion Deutschlands?

b) Lange war das Maracanã-Stadion (Brasilien) mit bis zu 200 000 Plätzen das größte Fußballstadion der Welt. Seit einem Umbau hat es jedoch nur noch 78 838 Plätze. Berechne den Unterschied.

c) Das größte Fußballstadion der Welt befindet sich nun in Pjöngjang (Nordkorea). Es hat 150 000 Plätze. Vergleiche es mit den vorher genannten Stadien.

Camp Nou in Barcelona mit 99 354 Plätzen

⑤ Zuschauerzahlen bei den bisherigen Fußball-Weltmeisterschaften.

Jahr	Land	Spiele	Zuschauer
1930	Uruguay	18	434 500
1934	Italien	17	395 000
1938	Frankreich	18	483 000
1950	Brasilien	22	1 337 000
1954	Schweiz	26	943 000
1958	Schweden	35	868 000
1962	Chile	32	776 000
1966	England	32	1 614 677
1970	Mexiko	32	1 673 975
1974	Deutschland	38	1 774 022
1978	Argentinien	38	1 610 215
1982	Spanien	52	1 856 277
1986	Mexiko	52	2 407 431
1990	Italien	52	2 527 348
1994	USA	52	3 568 567
1998	Frankreich	64	2 859 234
2002	Korea/Japan	64	2 724 604
2006	Deutschland	64	3 367 000
2010	Südafrika	64	3 178 744
2014	Brasilien	64	3 429 873

a) Wie viele Zuschauer kamen zu den beiden Weltmeisterschaften in Deutschland?

b) Berechne den Unterschied der Zuschauerzahlen bei den beiden Weltmeisterschaften in Brasilien.

c) Vergleiche die Zuschauerzahlen von 1930 und 2014.

d) Stelle Vermutungen an, warum die Zuschauerzahlen gestiegen sind.

e) Überlege dir eigene Fragen zu der Tabelle, notiere und beantworte sie.
• ⬜ • Stelle deine Fragen anschließend einem anderen Kind.

3 Stadien nach den Beschreibungen bestimmen;
4 Vergleiche zwischen dem größten Fußballstadion Europas und den weltweit größten Fußballstadien anstellen; **5** Fragen mit Hilfe der Tabelle beantworten, eigene Fragen entwickeln

E▶23 AH▶24 A▶23

51

Sachrechnen – Zeitpunkte und Zeitspannen

① Die Erde dreht sich in 24 Stunden einmal um sich selbst. Die Sonne geht deshalb nicht überall gleichzeitig auf. Der Tagesanfang verschiebt sich von Osten nach Westen.
Die Welt wurde entsprechend in 24 Zeitzonen eingeteilt, die sich in etwa an den Längengraden (Meridianen) orientieren.
Der Null-Meridian verläuft durch Greenwich (Stadtteil von London).
Um 12 Uhr mittags hat die Sonne ihren höchsten Stand über diesem Meridian.
Die Zeitrechnung bezieht sich weltweit auf Greenwich 12 Uhr mittags.
Pro Zeitzone verschiebt sich die Uhrzeit jeweils um eine Stunde. Da die Sonne im Osten aufgeht, ist der Tag in östlicher Richtung schon weiter fortgeschritten, pro Zeitzone ist es eine Stunde später.

Beispiel: Peking liegt 7 Zeitzonen östlich von Berlin. Die aktuellen Uhrzeiten von Berlin und Peking unterscheiden sich um 7 Stunden (Berlin: 15:00 Uhr – Peking 22:00 Uhr).

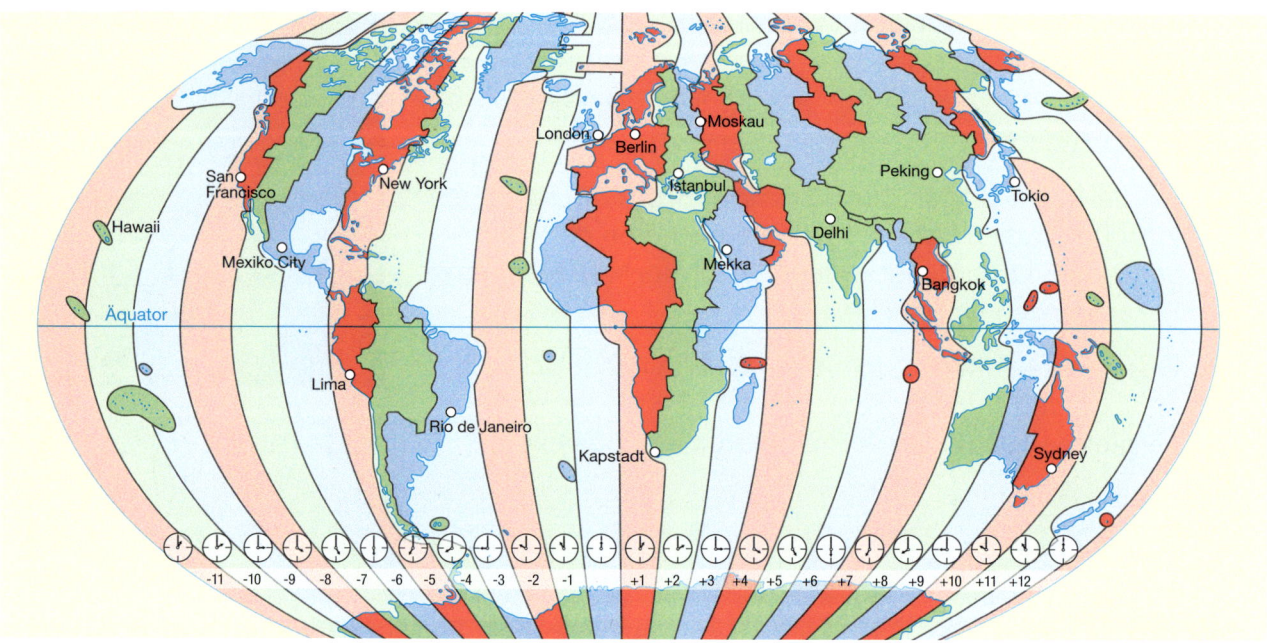

a) Wie viele Stunden ist es in New York früher als in Berlin?

b) Wie spät ist es in San Francisco, in Lima, in Rio de Janeiro, in Kapstadt, in Moskau, in Delhi, in Peking und in Sydney, wenn es in Berlin 8 Uhr ist?

② Was meinst du? Stimmen die Behauptungen? Begründe deine Meinung.

• ☐ • **a)** Erfinde eigene Behauptungen. Lasse sie von deinem Partner überprüfen.

1 Zeitzonen ansatzweise verstehen, Zeitverschiebungen berechnen;
2 Behauptungen anhand der Zeitzonenkarte prüfen und beurteilen

E ▶ 24   AH ▶ 25   A ▶ 24

③ Schau dir den Reiseplan genau an.

Datum	Von	Nach	Abreise vor Ort	Anreise vor Ort	Flug-Nr.	Gesamte Reisezeit	Stopps
04-Dez	**Berlin** (TXL)	**New York** (John F Kennedy)	13:45 →	16:45	KL6107	9 h 00 m	non-stop
08-Dez	**New York** (John F Kennedy)	**Berlin** (TXL)	19:35 →	9:50+1	AF6323	8 h 15 m	non-stop

Hier stimmt etwas nicht, oder?

Max' Opa fliegt nach New York und zeigt Max seinen Reiseplan.
Max ist erstaunt. Von 13:45 Uhr bis 16:45 Uhr sind es doch nicht 9 Stunden.

a) Erkläre, wie das sein kann?
b) Um wie viel Uhr landet Max' Opa in New York nach deutscher Zeit?
c) Um wie viel Uhr startet er nach New Yorker Zeit?
d) Leas Oma fliegt um 11:52 Uhr in Berlin los. Wie spät ist es in New York, wenn sie landet?
e) Ihr Rückflug startet in New York um 17:40 Uhr. Wann landet sie in Berlin?
f) Vergleiche die Reisezeit des Hin- und Rückfluges. Was fällt dir auf? Findest du eine Erklärung dafür?

④ Übertrage die Tabelle in dein Heft und berechne die Ankunftszeit vor Ort.

In eine Ortszeit umrechnen hilft.

Abflugzeit	Dauer des Flugs	Ankunftszeit
Berlin 16:08 Uhr	1 h 36 min	London ___ Uhr
Berlin 11:40 Uhr	2 h 25 min	Moskau ___ Uhr
Berlin 15:25 Uhr	11 h 33 min	Tokio ___ Uhr

⑤ Berechne die Abflugzeit vor Ort. Erstelle eine Tabelle wie in Aufgabe 4.

a) Ali hat seine Freundin in Istanbul besucht. 2 Stunden und 47 Minuten später landet er um 14:32 Uhr in Berlin.

b) Lea landet nach 11 h und 48 min Flug um 09:52 Uhr in Berlin. Wann ist sie in Rio de Janeiro losgeflogen?

c) Naomi kommt um 08:39 Uhr nach 11 h und 33 min Flug aus Kapstadt in Deutschland an.

⑥ Berechne die Flugzeit.

Ich fliege von Moskau nach Peking. Ich bin um 10:50 Uhr losgeflogen und komme um 23:30 Uhr in Peking an.

Ich fliege um 15:31 Uhr in New York los und lande um 20:20 Uhr auf Hawaii.

Ich lande um 09:15 Uhr in Lima und bin um 06:30 Uhr in Rio de Janeiro losgeflogen.

3–6 Zeitangaben eines Flugreiseplans nachvollziehen und interpretieren; Berechnungen (Abflug- und Ankunftszeiten/Flugdauer) durchführen
E▶24 AH▶25 A▶24

53

Modelle und Netze von geometrischen Körpern

① **a)** Baue einen Würfel aus 6 quadratischen Zetteln.

> Zu einem Würfel gehören
> 6 gleich große quadratische Seitenflächen.

gegenüberliegende
Seiten zur Mitte falten   zusammenstecken   fertig

b) Erkläre, warum die Kantenlänge des Würfels halb so groß ist wie die Seitenlänge der Zettel.

c) Baue auf gleiche Art und Weise einen Quader mit quadratischer Grundfläche.
Was verändert sich?

> Grund- und Deckfläche wie beim Würfel.

---

② Falte und schneide aus 2 quadratischen Notizzetteln 8 kleine Quadrate.

Falte jedes davon wie im Beispiel und schneide von einer Ecke aus bis zum Mittelpunkt ein.

Schiebe und klebe die benachbarten Dreiecke übereinander. Stelle so alle nötigen Ecken her.

> Ein Würfel besitzt 8 Ecken.
> In jeder Ecke treffen 3 Kanten zusammen.

Verbinde die Ecken durch Zahnstocher.
Wie viele brauchst du für die Kanten?

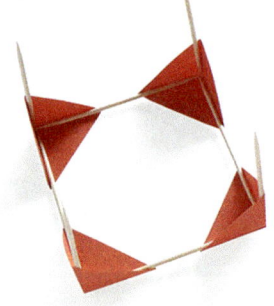
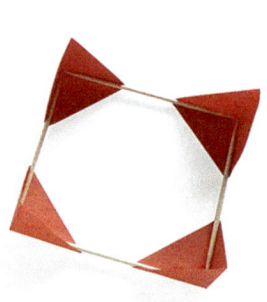
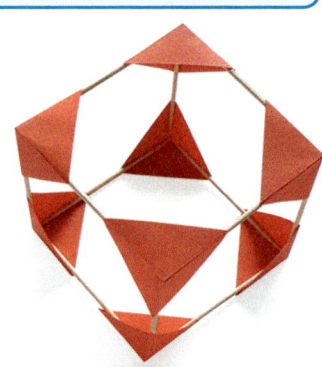

54

1 Flächenmodelle von Würfel und Quader herstellen;
2 Kantenmodell des Würfels herstellen
E ▶ 25 AH ▶ 26 A ▶ 25

(3) So viele Ecken, Flächen, Kanten gehören zu den Körpern.
Übertrage die Tabelle in dein Heft und fülle sie aus.

Quader

Prisma (dreiseitig)

Pyramide (quadratisch)

Kugel

Kegel

Zylinder

	Anzahl der Ecken	Anzahl der Flächen	Anzahl der Kanten
Würfel	8	6	12
	8	6	12
	6	5	9
	5	5	8
	0	3	2
	1	2	1
	0	1	0

(4) Würfel – Quader – Prisma – Pyramide

Zeichne Netze dieser Körper. Benutze die vorgegebenen Flächen.
Finde jeweils verschiedene Möglichkeiten.

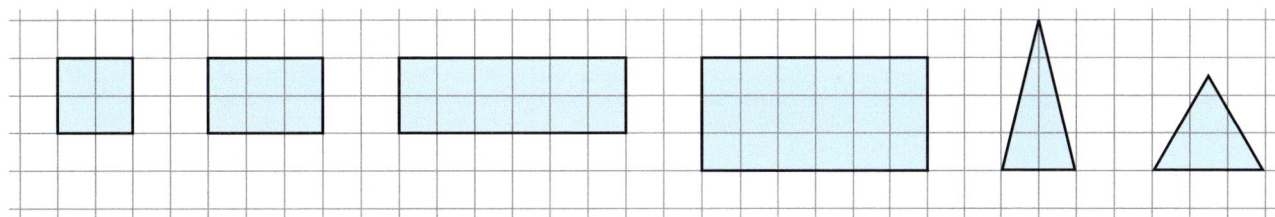

(5) Welches Netz gehört zu welchem Würfel?

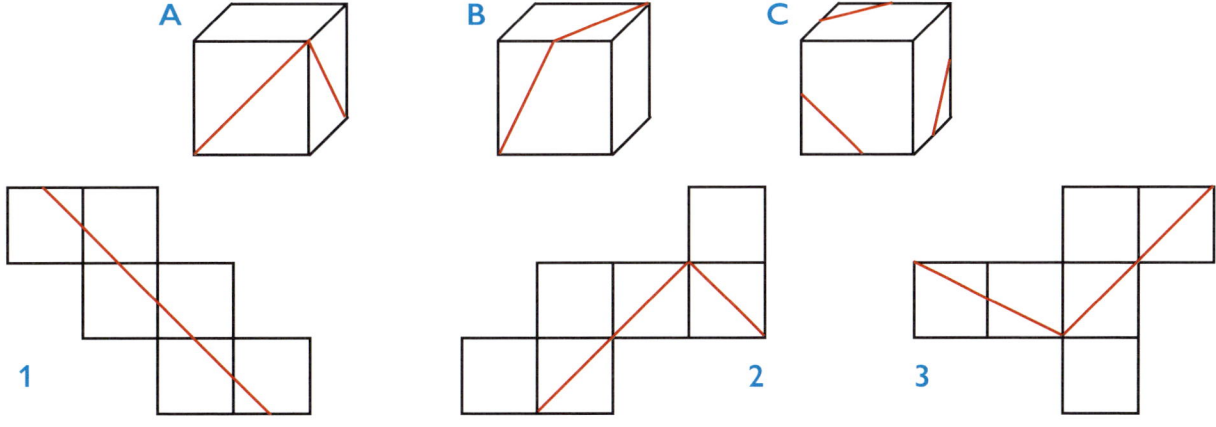

A   B   C

1   2   3

(6)

Welcher Körper besitzt 12 gleich lange Kanten?
Alex

Welche Form hat ein Körper, der nur eine Kante besitzt?
Lea

Es kommen nur ebene Flächen vor. Die Anzahl ist ungerade.
Anna

Zum Netz gehört nur ein Rechteck.
Max

3 Körper aufgrund der Anzahl von Ecken, Flächen und Kanten identifizieren;
4 Netze zeichnen; 5 Würfel und Netze vergleichen und zuordnen; 6 Rätsel lösen
E▶25 AH▶26 A▶25

55

Quader und Würfel darstellen

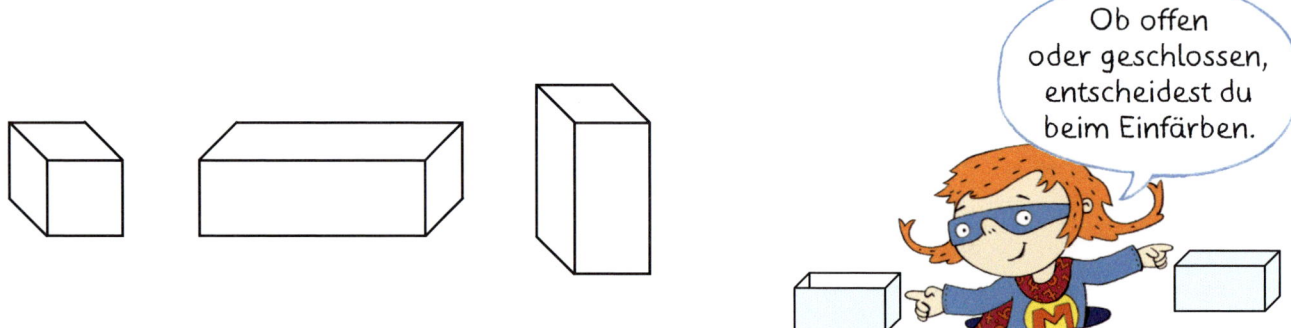

> Ob offen oder geschlossen, entscheidest du beim Einfärben.

① Würfel und Quader lassen sich auf Karopapier einfach als **Schrägbilder** zeichnen. Übertrage den Quader nach Anleitung in dein Heft.

1. hinteres Rechteck zeichnen

2. vorderes Rechteck versetzt zeichnen und einfärben

3. sichtbare Eckpunkte verbinden, sichtbare Seitenfläche einfärben

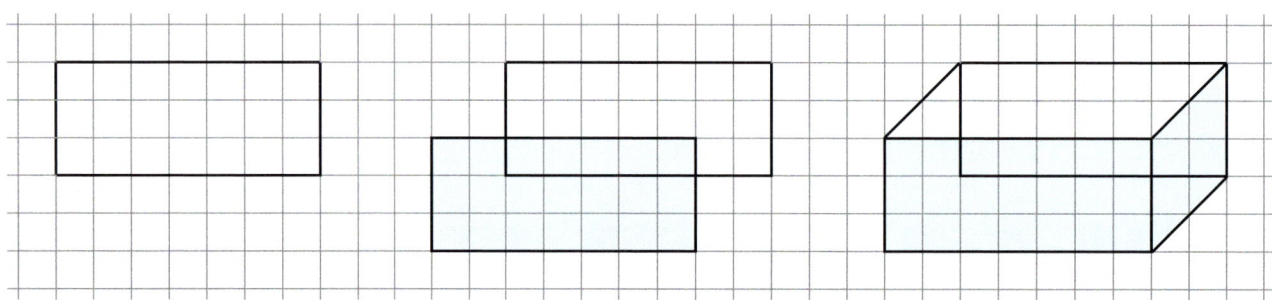

② Zeichne auf die gleiche Art und Weise auch das Schrägbild eines Würfels. Die Kantenlänge soll 1,5 cm betragen. Das vordere und das hintere Quadrat werden versetzt in Originalgröße gezeichnet. Wenn **alle** Kanten gleich lang gezeichnet würden, könnte man den Würfel nicht erkennen.

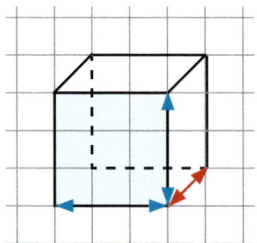
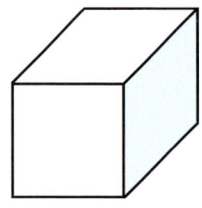
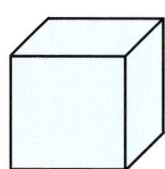

> Beim Schrägbild müssen die schräg gezeichneten Kanten auf die Hälfte verkürzt werden.

③ Übertrage die Körper in dein Heft und beschreibe sie. Färbe an jedem Körper, wie im Beispiel, ein Quadrat der Kantenlänge 1 cm ein. Notiere, was dir auffällt.

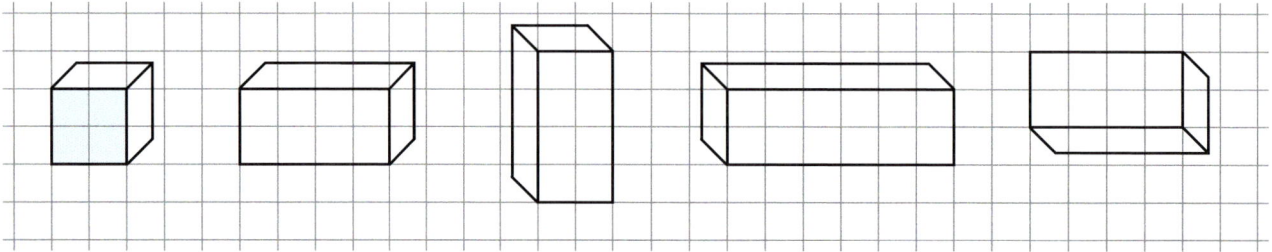

1 Schrägbild eines Quaders nach Anleitung zeichnen; 2 Schrägbild eines Würfels zeichnen;
3 Schrägbilder zeichnen und in jeder Zeichnung ein Quadrat mit a = 1 cm identifizieren

E ▶ 26   AH ▶ 27   A ▶ 26

④ Würfel lassen sich auf dem Punkteraster besonders einfach zeichnen. Es entsteht ein Bild, bei dem man auf eine vordere Kante sieht, nicht auf eine vordere Fläche wie beim Schrägbild. Alle Würfelkanten sind gleich lang, die Flächen erscheinen als Rauten.

a) Zeichne kleine und große Würfel, indem du Punkte wie bei den Beispielen verbindest.

b) Versuche auch die Würfeltürme zu zeichnen. Fünf Striche genügen, um einen Würfel nach unten anzuschließen.

> Ein ebenes Viereck mit gleich langen Seiten heißt Raute.

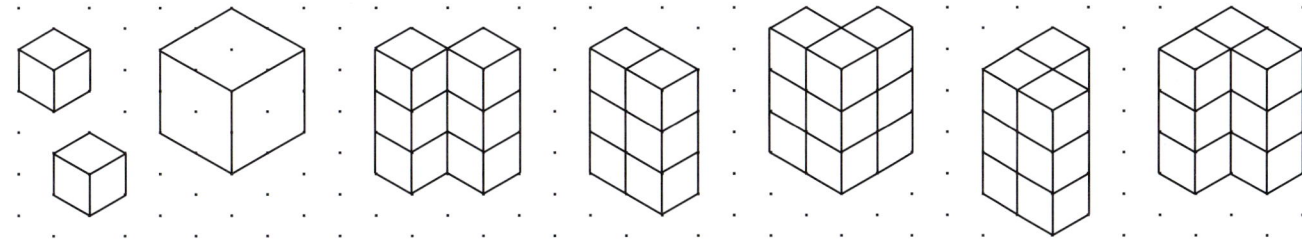

⑤ Zeichne auch diese Quader.
Schreibe auf, aus wie vielen Einzelwürfeln sie bestehen.

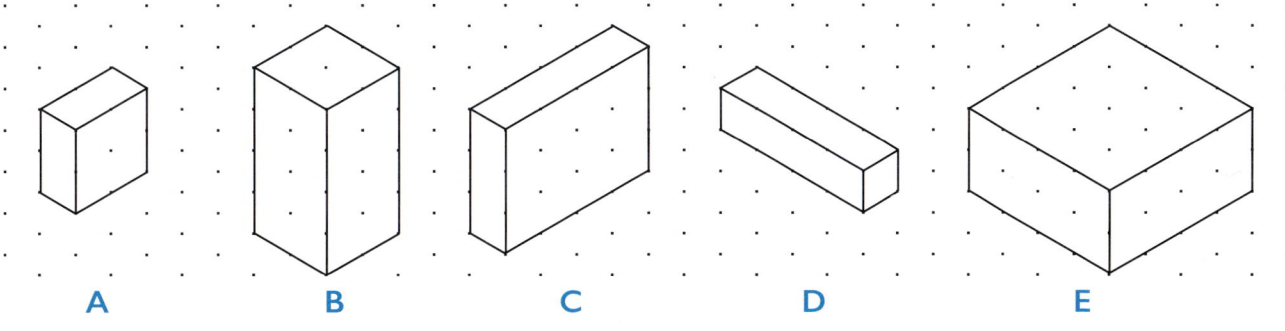

| A | B | C | D | E |

⑥ Mit Hilfe der **Zeichenuhr** kannst du Würfel in verschiedenen Lagen zeichnen.

Markiere die Punkte für ein Sechseck mit gleich langen Seiten.

Zeichne das Sechseck.

Verbinde jeden zweiten roten Punkt mit dem Mittelpunkt.

> Ich sehe einen Würfel.

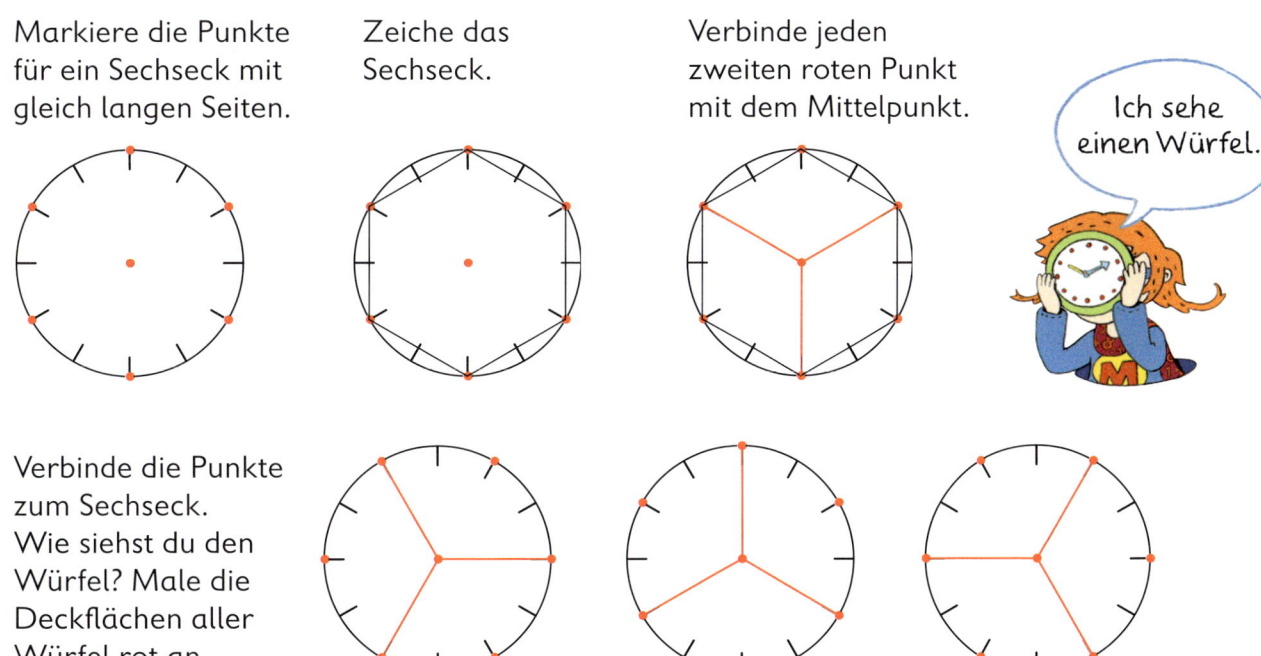

Verbinde die Punkte zum Sechseck. Wie siehst du den Würfel? Male die Deckflächen aller Würfel rot an.

Geometrie und Kunst

Victor Vasarely

geboren am 09.04.1906 in Pecs, Ungarn
gestorben am 15.03.1997 in Paris, Frankreich

Nach dem Studium am sogenannten Budapester Bauhaus ging Vasarely 1930 nach Paris.

Er verstand es, ebene Figuren so darzustellen und anzuordnen, dass räumliche Eindrücke entstehen. Mit dem Zusammenwirken von Form und Farbe erzielt er überraschende Wirkungen, die sich beim ausgiebigen Betrachten erschließen.

Vasarely begründete mit seinen Arbeiten die Op-Art (Optische Kunst) als neue Kunstrichtung.

① Suche in Büchern und im Internet nach mehr Informationen zum Leben und Werk von Victor Vasarely.

② Beschreibe für jedes der unten gezeigten Bilder, welche ebenen Figuren gezeichnet sind und welche ebenen und räumlichen Figuren du auch siehst.

A

B Victor Vasarely: Igmand, 1981

C Victor Vasarely: Vega 200, 1968

③ Zeichne wie Lena und Jan eine Skizze zu A mit Hilfe des Punkterasters. Zeige durch Einfärben, was du siehst.

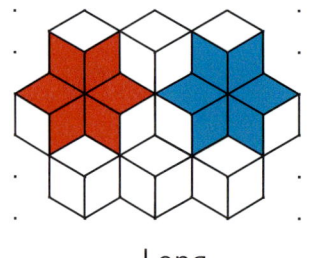

Lena

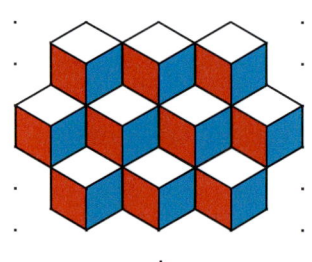

Jan

58

1 weitere Informationen zu Victor Vasarely suchen;
2 ebene Figuren in Kunstwerken benennen und räumliche Wirkungen beschreiben;
3 Skizzen auf Punkteraster übertragen, durch Einfärben räumliche Wirkungen in der Ebene erzeugen
E▶27 AH▶28 A▶27

④ **a)** Zeichnet mit Hilfe der Zeichenuhr oder mit Hilfe des Punkterasters gleiche Würfel
● ▢ ● und schneidet sie aus.

b) Versucht die „Würfel" so anzuordnen, wie es die Abbildungen zeigen.
Es hilft, jeweils einen Würfel einzufärben. Klebt eure Lösungen auf.

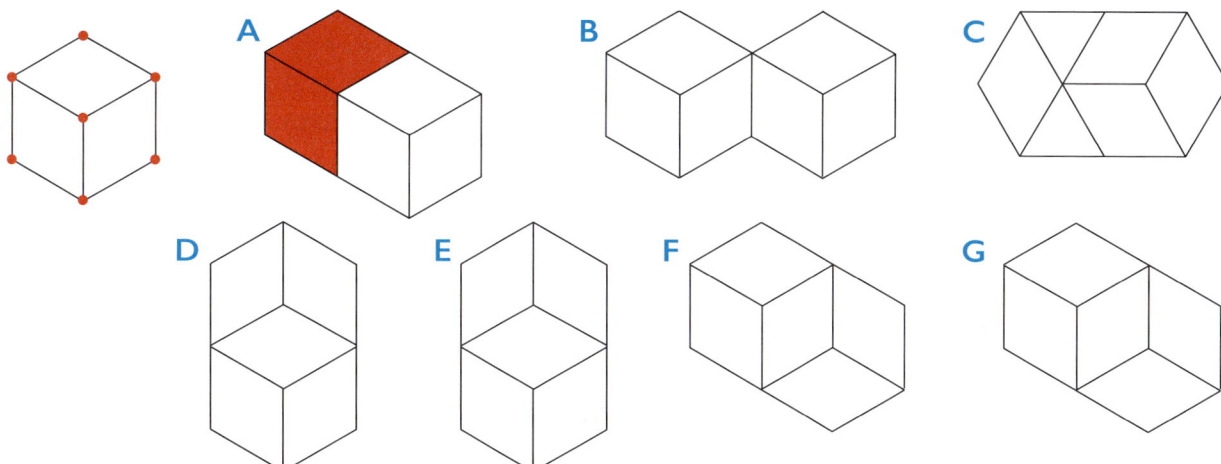

A   B   C

D   E   F   G

c) Bei welchen Anordnungen „kippt" das Bild beim längeren Hinsehen?
Die Würfel werden dabei in verschiedenen Lagen wahrgenommen.

d) Überlegt und schreibt auf, wie durch die Anordnung der Würfel diese Wirkung
erreicht wird.

---

⑤

Victor Vasarely: AXO I

Dies ist eine Skulptur aus Holz. Der Künstler hat die beiden
Würfel so angemalt, dass sie wie 4·4·4-Würfel aussehen.
Ähnliche Werke nennt Vasarely häufig Doppel-Hexagon
(Sechseck).

Zeichne zwei miteinander
verbunden 3·3·3-Würfel.

> Im Bild sind es
> wirklich nur zwei
> Sechsecke.
>
> ANNA

– Zeichne zwei Sechsecke
  mit Hilfe der Zeichenuhr.
– Verbinde jeweils jeden zweiten Eckpunkt
  mit dem Mittelpunkt.
– Zeichne das Liniennetz, das die Sechsecke als
  3·3·3-Würfel erscheinen lässt, und verbinde sie.
– Färbe dein Doppel-Hexagon nach dem Beispiel von
  AXO I ein.

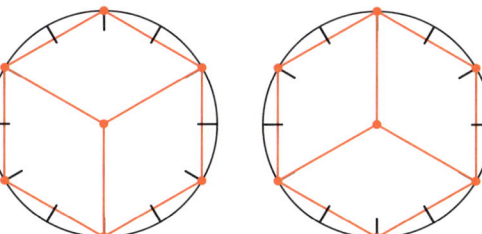

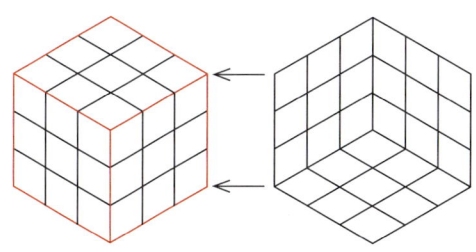

---

4 jeweils zwei Würfel zeichnerisch miteinander verbinden;
5 zwei miteinander verbundene 3 mal 3 mal 3 – Würfel zeichnen und einfärben
E▶27 AH▶28 A▶27

59

Das kann ich schon!

Im Kopf und halbschriftlich addieren und subtrahieren

1 Bearbeite nur die Aufgaben, die du im Kopf lösen kannst.
Notiere, wie du rechnest.

a)
14 997 + 11 503
28 763 + 22 637
45 685 + 17 786
31 576 + 63 845

b)
57 829 + 22 400
62 408 + 59 816
38 376 + 47 667
60 060 + 17 043

c)
56 998 − 17 200
84 200 − 26 999
63 001 − 38 016
94 005 − 46 990

d)
783 516 − 27 499
800 080 − 80 008
400 064 − 64 990
991 375 − 44 998

2 Wähle für jede Aufgabe einen passenden Rechenweg.
Notiere, wie du die Aufgaben löst.

a)
67 600 + 22 400
56 998 + 37 500
28 995 + 41 467
37 456 + 49 999

b)
640 000 + 330 000
360 000 + 240 000
420 651 + 160 899
543 687 + 299 997

c)
87 900 − 12 700
65 700 − 33 900
90 000 − 52 899
71 071 − 47 101

d)
930 000 − 270 000
840 000 − 420 500
386 547 − 124 347
768 352 − 118 362

Schriftlich addieren und subtrahieren

3 Schreibe die Zahlen stellengerecht untereinander.
Addiere oder subtrahiere schriftlich.

a)
456 327 + 224 062 + 85 284
347 652 + 297 835 + 20 426
593 048 + 317 403 + 64 088
482 703 + 567 278 + 44 726

b)
827 471 − 523 589
904 409 − 370 073
720 034 − 126 096
639 412 − 465 794

c)
801 273 − 470 074
900 002 − 685 086
611 042 − 357 418
504 924 − 487 635

4 Ergänze fehlende Zahlen und Ziffern.

a)

	4	7	6	5	0	3
+						
	7	7	7	7	7	7

b)

+	5	2	8	4	7	6
	5	7	2	5	8	1

c)

	3	6	2	4	8	7
−						
	2	9	9	9	9	9

d)

−	4	7	1	3	5	9
	3	4	2	4	0	6

e)

		2	0		6
+	3		8	0		3
	7	9		1	2	1

f)

	7		8	5		7
+		4	1		3
	9	4		2	9	3

g)

			5	0		7
−	2	7			4	3
	5	2	8	9	6

h)

	6	3		0	4
−		9	3	7		2
	3	7	2	6	3

1 Aufgaben beurteilen und im Kopf lösen;
2 Rechenwege aufgabenbezogen wählen; 3 schriftlich addieren und subtrahieren;
4 fehlende Zahlen und Ziffern rekonstruieren;

E ▶ 28   A ▶ 28

Netze von geometrischen Körpern

(5) Wie heißen die Körper, zu denen diese Netze gehören? Notiere die Namen.

A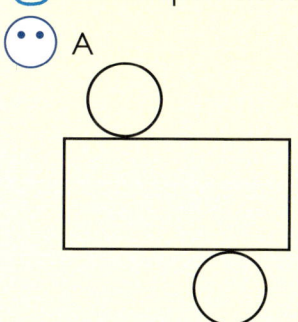
B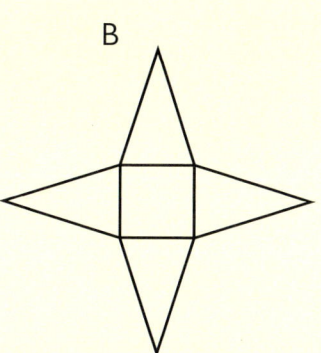
C
D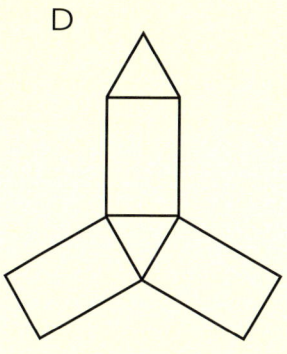

(6) Zeichne auf Karopapier

– das Netz eines Würfels mit der Kantenlänge a = 3 cm.

– das Netz eines Quaders mit den Kantenlängen:
   a = 2,0 cm   b = 2,5 cm   c = 3,5 cm

Quader und Würfel auf Karopapier darstellen

(7) Zeichne

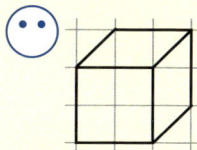

– wie im Beispiel das Schrägbild eines Zentimeterwürfels.
  Seine Kantenlänge beträgt a = 1 cm.

– das Schrägbild eines Würfels mit der Kantenlänge a = 2 cm.
  Aus wie vielen Zentimeterwürfeln besteht er?

(8) Zeichne das Schrägbild

– eines Quaders, der aus zwei Zentimeterwürfeln besteht,
  die nebeneinanderliegen.

– eines Quaders, der aus 3 Zentimeterwürfeln besteht,
  die übereinanderliegen.

– eines Quaders, der aus 8 Zentimeterwürfeln besteht.
  Finde zwei Möglichkeiten.

(9) Zeichne Schrägbilder von Quadern, die aus 18 Zentimeterwürfeln bestehen.
  Finde verschiedene Möglichkeiten. Gib für jeden Quader die Kantenlängen an.

5 Körper anhand der Netze identifizieren;
6 Netze nach Vorgaben zeichnen; 7–8 Schrägbilder auf Karopapier zeichnen;
9 Schrägbilder volumengleicher Quader zeichnen, Kantenlängen angeben

E ▶ 28   A ▶ 28

61

Multiplizieren mit Stufenzahlen

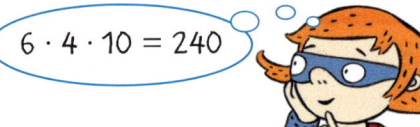

$6 \cdot 4 \cdot 10 = 240$

$6 \cdot 4 = 24$	$6 \cdot 40 = 240$	$6 \cdot 400 = 2\,400$

T	H	Z	E
		●●	●●●●

T	H	Z	E
	●●	●●●●	

T	H	Z	E
●●	●●●●		

① Rechne mit deinem Rechenweg.

a) 2 · 400	b) 3 · 200	c) 2 · 700	d) 7 · 300	e) 4 · 500	f) 5 · 900
4 · 400	5 · 200	4 · 700	8 · 300	6 · 500	7 · 900
8 · 400	8 · 200	6 · 700	9 · 300	10 · 500	9 · 900

② Überlege, mit welcher Aufgabe du beginnst.

a) 4 · 6	b) 3 · 7	c) 8 · 200	d) 6 · 30	e) 5 · 50 000
4 · 60	3 · 70	8 · 20 000	6 · 300	5 · 50
4 · 600	3 · 700	8 · 2	6 · 30 000	5 · 5 000
4 · 6 000	3 · 7 000	8 · 2 000	6 · 3	5 · 500
4 · 60 000	3 · 70 000	8 · 20	6 · 3 000	5 · 5

③ Überlege, welche Aufgabe du zuerst rechnest.

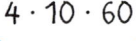

$4 \cdot 10 \cdot 60$

Die Faktoren kann ich vertauschen. $4 \cdot 60 \cdot 10$

$40 \cdot 60 =$

a) 40 · 60	b) 300 · 40	c) 200 · 80	d) 7 000 · 60	e) 500 · 30	f) 90 · 70
4 · 60	30 · 40	2 · 80	700 · 60	50 · 30	9 000 · 70
400 · 60	3 · 40	2 000 · 80	7 · 60	5 000 · 30	9 · 70
4 000 · 60	3 000 · 40	20 · 80	70 · 60	5 · 30	900 · 70

④ Notiere deine Rechenschritte. Die Tauschaufgaben können einfacher sein.

a) 20 · 90	b) 600 · 50	c) 400 · 4	d) 2 000 · 90	e) 500 · 700
30 · 40	500 · 70	900 · 8	6 000 · 50	900 · 600
40 · 70	300 · 40	600 · 2	8 000 · 60	400 · 300
80 · 60	100 · 90	700 · 3	4 000 · 70	700 · 200

⑤ Bilde Aufgaben, deren Ergebnis größer als 100 000 ist.

 40   300   8   ▭    50   5 000   500   50 000

1 Vorteile des Stellenwertsystems verstehen und zur Multiplikation nutzen;
2–3 Reihenfolge für die Bearbeitung sinnvoll entscheiden;
4 Anregung berücksichtigen, Rechenwege dokumentieren; 5 Aufgaben bilden

62

E▶29 AH▶29 A▶29

Halbschriftlich multiplizieren

1 Rechenkonferenz

$5 \cdot 1249$

Ich rechne immer Schritt für Schritt.

$5 \cdot 1249 = 6245$
$5 \cdot 1000 = 5000$
$5 \cdot 200 = 1000$
$5 \cdot 40 = 200$
$5 \cdot 9 = 45$

Die Nachbaraufgabe hilft mir hier.

$5 \cdot 1250 = $
$6250 - 5 = 6245$

Ich notiere weniger.

$5 \cdot 1249$
5000
1000
200
45

$4 \cdot 1250$ rechne ich leicht im Kopf.

$4 \cdot 1250 = 5000$
$5000 + 1250 - 5 = 6245$

2 Wähle bei jeder Aufgabe einen passenden Rechenweg.

a) $4 \cdot 500$
   $6 \cdot 309$
   $2 \cdot 199$

b) $3 \cdot 3250$
   $7 \cdot 6100$
   $5 \cdot 4209$

c) $9 \cdot 7110$
   $4 \cdot 12499$
   $1 \cdot 19763$

d) $6 \cdot 31015$
   $0 \cdot 46327$
   $8 \cdot 59001$

e) $3 \cdot 99999$
   $5 \cdot 26006$
   $8 \cdot 25000$

0   398   1854   2000   9750   9999   19763   21045   42700   49996   63990   130030   186090   200000   299997   472008

3 Rechne. Bilde bei jedem Päckchen die Summe der Ergebnisse.

a) $6 \cdot 6323$
   $4 \cdot 6323$

b) $3 \cdot 2874$
   $7 \cdot 2874$

c) $2 \cdot 5039$
   $8 \cdot 5039$

d) $5 \cdot 1916$
   $3 \cdot 1916$
   $2 \cdot 1916$

e) $4 \cdot 3399$
   $1 \cdot 3399$
   $5 \cdot 3399$

Was fällt dir auf? Notiere eine Erklärung.
Erfinde eigene Päckchen mit demselben Muster.

4

Das Ergebnis einer Multiplikationsaufgabe nennt man Produkt.

Welche Zahl musst du zum Produkt aus 2468 und 4 addieren, um 10000 zu erhalten?   Jan

Welche Zahl erhältst du, wenn du zu dem Produkt aus 7 und 2049 die Summe von 340 und 317 addierst?   Anna

Berechne das Produkt aus 8 und 1509.   Sina

Multipliziere 1234 mit 5. Subtrahiere dann 170.   Lea

Addiere das Produkt aus 3 und 608 zu dem Produkt aus 79693 und 0.   Vedat

1 Rechenwege der Kinder nachvollziehen; **2** passende Rechenwege wählen;
3 Ergebnisse der Aufgabenpaare summieren, Auffälligkeit erklären;
4 Fachsprache in Zahlenrätseln verstehen, Rätsel lösen

E ▶ 29 AH ▶ 29 A ▶ 29

63

Schriftlich multiplizieren

Die Merkzahl wird bei der nächsten Stelle dazuaddiert.

2	4	6	2	·	4
	T	H	Z	E	
				8	

4 · 2 E = 8 E
Schreibe 8 E.

2	4	6	2	·	4
	T	H	Z	E	
			4	8	

4 · 6 Z = 24 Z
Schreibe 4 Z.
Merke 2 H.

2	4	6	2	·	4
	T	H	Z	E	
		8	4	8	

4 · 4 H = 16 H
16 H + 2 H = 18 H
Schreibe 8 H.
Merke 1 T.

2	4	6	2	·	4
	T	H	Z	E	
	9	8	4	8	

4 · 2 T = 8 T
8 T + 1 T = 9 T
Schreibe 9 T.

① Überschlage zuerst, multipliziere dann schriftlich.

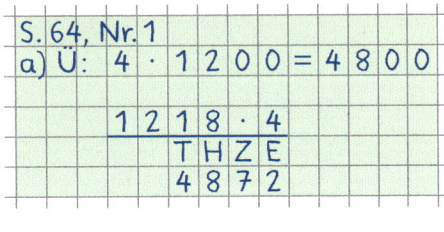

S. 64, Nr. 1
a) Ü: 4 · 1 200 = 4 800

1 2 1 8 · 4
T H Z E
4 8 7 2

a) 1218 · 4
9423 · 2

b) 1121 · 8
8111 · 6

c) 1161 · 5
9111 · 7

d) 11922 · 4
52121 · 3

e) 12532 · 3
92412 · 2

f) 23142 · 3
28211 · 4

4872 5805 8968 18846 19333 37596 47688 48666 63777 69426 112844 156363 184824

② Überschlage zuerst. Multipliziere dann schriftlich.

a) 263 · 3
1614 · 6
6132 · 4

b) 224 · 4
2468 · 3
3579 · 5

c) 436 · 6
9562 · 7
1743 · 8

d) 1378 · 4
26347 · 5
34762 · 7

e) 1919 · 5
62725 · 3
99999 · 9

789 896 2616 5512 7404 9595 9684 10248 13944 17895 24528 66934 131735 188175 243334 899991

③ Überschlage zuerst, rechne dann schriftlich.

a) 2407 · 2
4062 · 8
4290 · 7
8100 · 6

b) 3026 · 3
2007 · 9
14070 · 6
23402 · 4

c) 5208 · 5
7090 · 6
30471 · 8
26009 · 7

S. 64, Nr. 3
a) Ü: 2 · 2 400 = 4 800

2 4 0 7 · 2
T H Z E
4 8 1 4

2 · 0 Z = 0 Z
0 Z + 1 Z = 1 Z
Schreibe 1.

4814 9078 18063 24316 26040 30030 32496 42540 48600 84420 93608 182063 243768

④ Überschlage zuerst, rechne dann schriftlich.

Der Überschlag hilft, Rechenfehler zu erkennen. Vergleiche dein Ergebnis immer mit dem Überschlag.

a) 2913 · 3
4843 · 7
7425 · 8
5114 · 9

b) 3741 · 3
8096 · 4
6318 · 6
2406 · 3

c) 15362 · 2
20546 · 9
41642 · 4
32123 · 6

d) 29708 · 6
48234 · 3
97019 · 7
41802 · 5

1 Verfahren der schriftlichen Multiplikation verstehen;
2–4 schriftlich multiplizieren üben, immer vorab einen Überschlag berechnen und ihn bei der Ergebniskontrolle einsetzen

E ▶ 30 AH ▶ 30 A ▶ 30

Ich rechne so: 473 · 4 und dann · 10

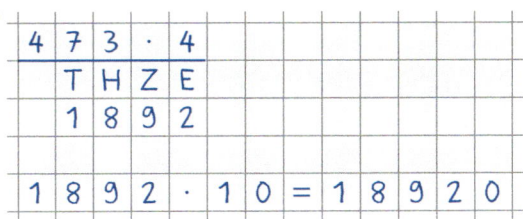

473 · 40

4	7	3	·	4		
	T	H	Z	E		
	1	8	9	2		

1	8	9	2	·	1	0	=	1	8	9	2	0

Ich rechne auch so, schreibe aber kürzer.

4	7	3	·	4	0
ZT	T	H	Z	E	
1	8	9	2	0	

5 Mache zuerst einen Überschlag, multipliziere dann wie Ali.

S. 65, Nr. 5
a) Ü: 40 · 600 = 24 000

	6	2	8	·	4	0
	ZT	T	H	Z	E	
		2	5	1	2	0

a) 628 · 40
279 · 60
593 · 80
831 · 30

b) 3796 · 50
2207 · 70
7183 · 90
6305 · 40

c) 12 086 · 30
28 417 · 80
51 802 · 50
82 319 · 60

6 Erkläre, wie Lena gerechnet hat.

Jede Teilrechnung stellengerecht notieren, zuletzt die Summe bilden.

473 · 43

Ich beginne mit den Zehnern.

Ü: 40 · 500 = 20 000

4	7	3	·	4	3
ZT	T	H	Z	E	
1	8	9	2	0	
	1	4	1	9	
2	0	3	3	9	Lena

7 Überschlage. Rechne schriftlich wie Lena.

a) 743 · 22
632 · 35
385 · 73
407 · 67

b) 537 · 54
821 · 81
303 · 42
482 · 96

c) 8564 · 19
4147 · 23
2741 · 34
5362 · 46

d) 9025 · 27
3727 · 42
7048 · 74
6382 · 65

e) 16 492 · 31
28 163 · 52
82 603 · 61
99 999 · 99

8 Rechne schriftlich. Du darfst die Faktoren auch vertauschen.

a) 7415 · 60
2184 · 18

b) 5026 · 48
63 · 2609

c) 36 · 1207
3816 · 26

d) 4691 · 80
72 · 9341

e) 7937 · 11
8290 · 22

9 Rechne. Ergänze die fehlenden Zahlen so, dass beide Aufgaben das gleiche Ergebnis haben.

a) 516 · 30
258 · 60

b) 1008 · 40
504 · 80

c) 642 · 20
321 · __

d) 1424 · 30
712 · __

e) 8264 · 20
4132 · __

5 schriftlich multiplizieren mit Zehnerzahlen;
6 schriftliches Multiplizieren mit zweistelligen Zahlen erarbeiten;
7–8 Verfahren einüben; 9 Muster verstehen, fehlende Faktoren ergänzen

65

E ▶ 30 AH ▶ 30 A ▶ 30

Schriftlich multiplizieren üben

①

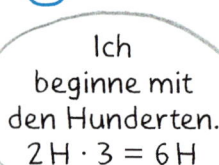

Ich beginne mit den Hunderten. 2 H · 3 = 6 H

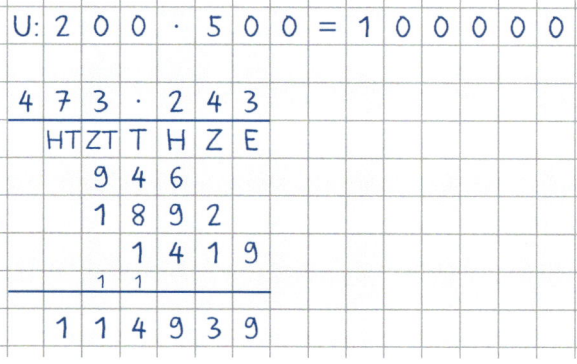

U: 2 0 0 · 5 0 0 = 1 0 0 0 0 0

				4	7	3	·	2	4	3
		HT	ZT	T	H	Z	E			
				9	4	6				
			1	8	9	2				
			1	4	1	9				
			1	1						
		1	1	4	9	3	9			

Mache immer zuerst einen Überschlag.

Multipliziere.

a) 473 · 243
282 · 356
195 · 122
213 · 324

b) 521 · 262
359 · 123
466 · 135
528 · 224

c) 321 · 123
687 · 211
289 · 314
235 · 715

d) 1234 · 712
3452 · 234
2123 · 395
3519 · 258

e) 3957 · 195
5254 · 178
5917 · 153
4351 · 229

---

② Multipliziere.

Wenn ich an einer Stelle mit Null multipliziere, …

4	7	3	·	2	0	3
	HT	ZT	T	H	Z	E
			9	4	6	
			0	0	0	
		1	4	1	9	
			1			
		9	6	0	1	9

4	7	3	·	2	3	0
	HT	ZT	T	H	Z	E
			9	4	6	
		1	4	1	9	
			0	0	0	
		1				
	1	0	8	7	9	0

Auf die Null in der Einerstelle achte ich besonders.

a) 496 · 452
491 · 609
375 · 560
368 · 708

b) 154 · 230
587 · 120
621 · 450
345 · 320

c) 783 · 246
953 · 350
426 · 305
506 · 687

d) 6789 · 110
3225 · 302
4506 · 567
3729 · 260

e) 2022 · 456
4109 · 678
7035 · 345
2908 · 903

---

③ Schau dir jedes Päckchen genau an. Beschreibe die verschiedenen Muster. Notiere, wie du rechnest.

Muster nutzen, clever rechnen!

a) 123 · 120
123 · 240
123 · 480
123 · 960

b) 135 · 30
135 · 90
135 · 270
135 · 810

c) 326 · 110
326 · 220
326 · 330
326 · 440

d) 258 · 110
258 · 330
258 · 660
258 · 990

---

④ Rechne. Jeweils drei Aufgaben haben dasselbe Ergebnis.

199 · 868	169 · 784	796 · 217	232 · 460	676 · 196
424 · 318	464 · 230	338 · 392	988 · 168	159 · 848
494 · 336	928 · 115	636 · 212	247 · 672	398 · 434

1 schriftliches Multiplizieren mit dreistelligen Zahlen erarbeiten und anwenden;
2 Vorgehensweise beim Auftreten von Nullen einüben;
3 Muster der Super-Päckchen beschreiben, Rechenweg dokumentieren; 4 produktgleiche Aufgaben finden

E ▶ 31   AH ▶ 31   A ▶ 31

5 Vergleiche in beiden Beispielen die Aufgaben.

| 12 · 84   84 · 12 | 87 · 604   604 · 87 |

Rechne jeweils beide Aufgaben.
Welche der Aufgaben hast du schneller gerechnet? Begründe.

Entscheide für jede Aufgabe, wie du rechnest.

a) 62 · 1842
   816 · 202

b) 1221 · 48
   67 · 2604

c) 341 · 691
   533 · 968

d) 47 · 6015
   79 · 2048

e) 793 · 39
   807 · 88

6 Welche Fehler wurden gemacht?
Ordne zu.
Rechne im Heft richtig.

A Merkzahl vergessen

B Null am Ende vergessen

C Multiplikationsfehler

D Additionsfehler

E falsch untereinandergeschrieben

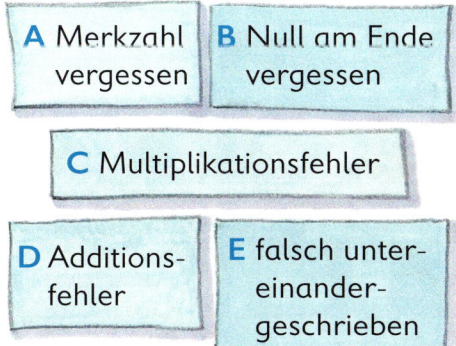

```
5 4 3 · 4 7
  2 1 7 2
  3 8 0 1
      1
2 5 4 2 1
        Maria
```

```
7 2 1 · 6 4
  4 3 2 6
  2 8 8 4
  1 1 1
  7 2 1 0     Lea
```

```
2 1 9 · 8
  1 6 8 2     Max
```

```
4 2 6 · 3 8 0
    1 2 7 8
    3 4 0 8
        1
  1 6 1 8 8   Tim
```

```
3 8 6 · 4
  1 5 4 8     Vedat
```

7 Bilde mit diesen Ziffern jeweils zwei Zahlen und multipliziere sie.
Verwende jede Ziffer nur einmal.

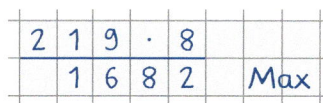

a) Finde und rechne viele Aufgaben. Rechne immer zuerst einen Überschlag.

b) Wähle die Zahlen so, dass das Produkt deiner Zahlen möglichst klein wird.
   Notiere, wie du vorgehst.

c) Wähle die Zahlen so, dass du das größtmögliche Ergebnis erreichst.
   Notiere wieder, wie du vorgehst.

8 Bilde mit diesen Ziffern jeweils eine dreistellige und eine zweistellige Zahl und multipliziere sie.

Meine Überlegungen aus Aufgabe 7 helfen mir.

a) Finde und rechne viele Aufgaben. Rechne immer zuerst einen Überschlag.

b) Welches ist das größte Produkt, das du erreichen kannst?

c) Welches ist das kleinste Produkt, das du erreichen kannst?

5 Möglichkeiten zur Vereinfachung erkennen und nutzen;
6 Fehler finden und Ursache benennen; 7–8 Produkte bilden, genannte Bedingungen erfüllen

E▸31 AH▸31 A▸31

67

Multiplizieren von Kommazahlen

①

5 Kästen Wasser
2 Kästen Apfelsaft
2 Kästen Vitaminsaft
3 Kästen Orangensaft

Die Klasse 4a kauft die Getränke für ihr Klassenfest ein.
Vor dem Einkauf berechnen sie die Kosten für die Getränke.

Ü:	5	·	4 €	=	2	0	€	
	4,	2	9 €	=	4	2	9	ct
	4	2	9	ct	·	5		
		2	1	4	5	ct		
2	1	4	5	ct	=	2	1,	4 5 €

Ü:	5	·	4 €	=	2	0	€
	4,	2	9 €	·	5		
		2	1,	4	5	€	

a) Warum machen die Kinder einen Überschlag?

b) Beschreibe die Rechenwege von Max und Lena.
Für welchen Rechenweg entscheidest du dich? Begründe.

c) Berechne den Einkaufspreis für den Apfelsaft, den Vitaminsaft und den Orangensaft.
Mache vor jeder Rechnung einen Überschlag.

d) Berechne die Pfandkosten für das Mineralwasser, den Apfelsaft, den Vitaminsaft
und den Orangensaft.

e) Wie viel muss die Klasse für den gesamten Einkauf mit Pfand bezahlen?

•□• f) Notiert eine Einkaufsliste für euer eigenes Klassenfest.
Berechnet den Gesamtpreis für euren geplanten Einkauf.

g) Wie viel Geld bekommt ihr zurück, wenn ihr nach der Feier das Leergut abgebt?

---

② Rechne schriftlich. Notiere zu jeder Aufgabe einen Überschlag.

a) 6,25 € · 4
12,74 € · 6
36,08 € · 3
56,96 € · 5

b) 121,19 € · 2
630,95 € · 4
563,40 € · 6
998,20 € · 5

c) 48,20 € · 12
153,87 € · 12
621,48 € · 13
303,96 € · 15

d) 53,82 € · 26
204,29 € · 42
732,81 € · 38
879,08 € · 52

1 Kosten für einen Einkauf berechnen, Detailfragen beantworten;
2 Kommazahlen (Geldbeträge) schriftlich multiplizieren, Stellung des Kommas durch Überschlag prüfen

E▶32 AH▶32 A▶32

Aufgaben mit den Zeichen < oder > sind Ungleichungen.
Beim Einsetzen von Zahlen können wahre oder falsche Aussagen entstehen.

$600 \cdot \_ < 2500$

Ich weiß fünf Zahlen, die ich einsetzen kann, so dass die Aussage wahr ist.

① Notiere alle Ungleichungen, die wahr sind.

a) $600 \cdot \_ < 2500$ b) $310 \cdot \_ > 1600$ c) $750 \cdot \_ < 2200$ d) $920 \cdot \_ < 5800$

e) $1500 \cdot \_ < 6000$ f) $4900 \cdot \_ > 30000$ g) $6100 \cdot \_ < 12000$ h) $8500 \cdot \_ < 40000$

② Welche Aussagen sind wahr (w), welche sind falsch (f)?
Notiere nur die wahren Aussagen.

a) $320 \cdot 3 < 1600$ b) $452 \cdot 4 > 2260$ c) $681 \cdot 8 < 4680$ d) $3125 \cdot 8 < 27400$
$320 \cdot 4 < 1600$ $452 \cdot 3 > 2260$ $1392 \cdot 3 < 4680$ $5604 \cdot 5 > 27400$
$320 \cdot 5 < 1600$ $452 \cdot 6 > 2260$ $906 \cdot 5 < 4680$ $13079 \cdot 3 < 27400$
$320 \cdot 6 < 1600$ $452 \cdot 5 > 2260$ $2399 \cdot 2 < 4680$ $6997 \cdot 4 > 27400$

③ Setze < oder > ein. Es sollen nur wahre Aussagen entstehen.

Genaues Hinsehen hilft!

a) $290 \cdot 4 \bigcirc 1600$ b) $450 \cdot 6 \bigcirc 2260$ c) $1400 \cdot 8 \bigcirc 8680$
$290 \cdot 6 \bigcirc 1600$ $450 \cdot 4 \bigcirc 2260$ $1400 \cdot 7 \bigcirc 8680$
$290 \cdot 8 \bigcirc 1600$ $450 \cdot 8 \bigcirc 2260$ $1400 \cdot 6 \bigcirc 8680$

d) $60 \cdot 40 \bigcirc 2800$ e) $600 \cdot 50 \bigcirc 26000$ f) $5900 \cdot 40 \bigcirc 240000$
$80 \cdot 40 \bigcirc 2800$ $410 \cdot 50 \bigcirc 26000$ $6600 \cdot 40 \bigcirc 240000$
$75 \cdot 40 \bigcirc 2800$ $750 \cdot 50 \bigcirc 26000$ $6400 \cdot 40 \bigcirc 240000$

④ Finde mit Hilfe des Überschlags heraus, welche Aussagen wahr und welche falsch sind.
Notiere nur die wahren Aussagen.

$293 \cdot 6 < 1800$	$625 \cdot 5 < 3000$	$896 \cdot 9 > 7000$
$2106 \cdot 7 > 16000$	$7899 \cdot 9 > 60000$	$1296 \cdot 5 < 6000$
$506 \cdot 60 > 40000$	$900 \cdot 79 < 80000$	$3120 \cdot 30 > 100000$
$613 \cdot 399 < 200000$	$397 \cdot 902 < 400000$	$1004 \cdot 916 < 1000000$

1 passende Zahlen einsetzen, Ungleichungen in wahre Aussagen überführen;
2 wahre und falsche Aussagen unterscheiden; 3 wahre Aussagen erzeugen;
4 Wahrheitswert mit Hilfe des Überschlags ermitteln

E▶32 AH▶33 A▶32

Sachrechnen – Tierrekorde

① Das **Dreifinger-Faultier** ist das langsamste Säugetier. Es lebt in Mittel- und Südamerika im Regenwald auf Bäumen. Es schläft täglich etwa 18 Stunden. Nur selten, und dann ganz langsam, klettert es auf die Erde. Dort kann es wegen seiner langen Krallen nur kriechen und bewegt sich ziemlich ungeschickt. Deshalb schafft es am Boden auch nur zwischen 1,8 m und 2,4 m pro Minute. Auf den Bäumen beschleunigt es auf bis zu 4,6 m pro Minute. Es kann gut klettern und auch schwimmen. Im Verlauf eines Tages werden jedoch insgesamt nur höchstens 133 m, meist jedoch weniger als 36 m zur Futtersuche zurückgelegt.

a) Ein Faultier kriecht am Boden mit einer Geschwindigkeit von 2 m pro Minute. Wie lange braucht es, um 100 m zurückzulegen?

b) Welche Geschwindigkeit (km/h) entwickelt das Faultier höchstens am Boden?

c) Mit welcher Geschwindigkeit klettert es auf den Bäumen herum und sucht Futter?

d) Welche Strecke legt das Faultier höchstens im Jahr zurück?

e) Wie viele Stunden im Jahr schläft das Faultier? Wie viele Stunden ist es wach?

② Der **Gepard** ist das schnellste Landsäugetier auf kurzen Strecken. Er erreicht im Spurt bis zu 120 km/h. Allerdings kann er diese hohe Geschwindigkeit nur für 800 m bis 900 m durchhalten. Er legt täglich etwa sechs Kilometer zurück und flitzt dabei im Schnitt nur etwa ein bis zwei Mal los.

a) Welche Strecke legt ein Gepard in einem Jahr zurück?

b) Der Gepard kann seine hohe Geschwindigkeit nur über kurze Strecken laufen. Finde heraus, in welcher Zeit er dann 100 m zurücklegt. Eine Tabelle kann dir helfen.

Strecke	120 km						100 m
Zeit	1 h						

c) Wie viel Zeit benötigt der Gepard für die 900-m-Strecke?

d) Der schnellste Läufer der Welt, der Jamaikaner Usain Bolt, lief am 16.08.2009 in Berlin mit 9,58 s auf 100 m Weltrekord. Vergleiche mit der Geschwindigkeit des Geparden.

③ Sucht im Internet nach anderen Tierrekorden.
  ▪☐▪ Findet auch die größten, ältesten, schwersten und stärksten Tiere.

1–2 Informationen aus Sachtexten entnehmen und mathematisch weiterverarbeiten; 3 weitere Tierrekorde im Internet recherchieren

E ▶ 33 AH ▶ 34 A ▶ 33

④ Die **Küstenseeschwalbe** wird im Durchschnitt 11 Jahre alt und ist ein echter Langstreckenflieger. Sie legt die längste Wanderung aller Zugvögel zurück. Sie mag die Sonne und lebt immer dort, wo gerade die Sonne scheint. Im Sommer ist sie in Alaska, Grönland oder Sibirien zuhause, also in der Nähe des Nordpols, dort, wo die Sonne im Sommer nie untergeht. Zum Überwintern fliegt sie dann an das andere Ende der Erde, zum Südpol. Die gesamte Flugstrecke beträgt im Jahr etwa 36 000 km.

a) Vergleiche mit einem Flug rund um die Erde (schau auf Seite 27 nach!).

b) Wie viele Kilometer fliegt eine Küstenschwalbe im Laufe ihres Lebens?

⑤ **Grauwale** leben im Sommer im Nordpolarmeer zwischen Kanada und Sibirien. Hier fressen sie sich mit Krebsen, Schnecken und Würmern eine dicke Fettschicht an. Ein Grauwal verputzt in dieser Zeit etwa 180 000 Kilo von diesen Kleintieren. Anfang Oktober beginnt dann die Wanderung entlang der kanadischen Küste zu den warmen Gewässern vor Kalifornien oder

Mexiko. Dabei legen die Wale über 9 000 km zurück. Da sie mit einer Geschwindigkeit von nur 8 Kilometern pro Stunde unterwegs sind, benötigen sie für ihre Wanderung mehr als zwei Monate. Sie machen auf ihrer Wanderung keine längeren Pausen, sondern nutzen die Strömungen gelegentlich für einen kurzen Erholungsschlaf. In den warmen Gewässern bringen sie ihre Jungen zur Welt und ziehen sie auf, bevor sie Anfang Mai wieder zurück nach Norden wandern. Grauwale können 50 bis 60 Jahre alt werden.

a) Wie viele Kilometer legen die Wale am Tag zurück? Wie viele in 2 Monaten?

b) Berechne, wie viele Kilometer ein alter Grauwal von 55 Jahren in seinem Leben schon auf seinen Wanderungen zurückgelegt hat.

c) Wie weit ist es ungefähr vom Nordpolarmeer zu den warmen Gewässern?

d) Grauwale leben und wandern in kleinen Herden von etwa 12 Tieren. Wie viele Tonnen an Kleintieren frisst eine solche Herde während der Monate im Polarmeer?

• □ • **e)** Schreibt einen Steckbrief über Grauwale. Sucht im Internet weitere Informationen.

f) Schreibe auch Steckbriefe über andere Tiere, die dich interessieren.

⑥ Ein ausgewachsener Grauwal ist bis zu 15 m lang und wiegt
• □ • 30 bis 35 t. Das Grauwalbaby wiegt bei der Geburt etwa 1000 kg und ist 4 bis 5 m lang.

a) Nach zwei Monaten hat das Baby bereits 6 m Länge und 2 t Gewicht erreicht. Vergleiche.

b) Das Baby trinkt in den ersten 6 Monaten seines Lebens täglich etwa 200 l Muttermilch und lernt erst im Nordpolarmeer, sich selbst zu versorgen.
Berechne die Milchmenge, die die Mutter verfüttern muss, um ihr Baby aufzuziehen.

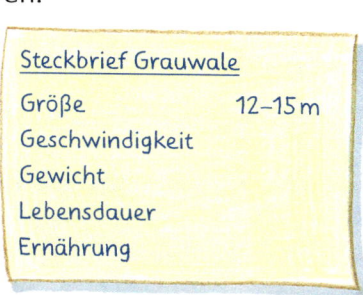

Steckbrief Grauwale
Größe   12–15 m
Geschwindigkeit
Gewicht
Lebensdauer
Ernährung

Rechnen mit Gewichten

① Hättest du gedacht, dass in Deutschland im Jahr etwa 20 000 000 t (20 Millionen Tonnen)
Papier verbraucht werden?
Das sind 243 kg pro Person.

Liebesbriefe,
Bonbonpapier,
Toilettenpapier,
…

a) Überlege, wozu du Papier verbrauchst.
Notiere viele Beispiele.

b) In der Schule wird das Kopierpapier in Kartons
angeliefert, in denen jeweils 5 Pakete zu
500 Blatt sind. 1 Paket wiegt etwa 2,4 kg.
Wie schwer ist der Inhalt eines Kartons?

c) Überschlage: Wie viele Kartons Kopierpapier wiegen etwa
so viel wie der Jahresverbrauch einer einzelnen Person?

d) Wie viele Blätter Papier sind das?

e) Wie viele Kartons entsprechen dem Jahresverbrauch deiner Klasse?
Wie viele kg sind das?

---

② Der Papierverbrauch hat in den letzten 60 Jahren immer weiter zugenommen.

a) Besprecht miteinander, was ihr
aus dem Säulendiagramm
ablesen könnt.

b) Übertrage die Daten in eine
Tabelle.

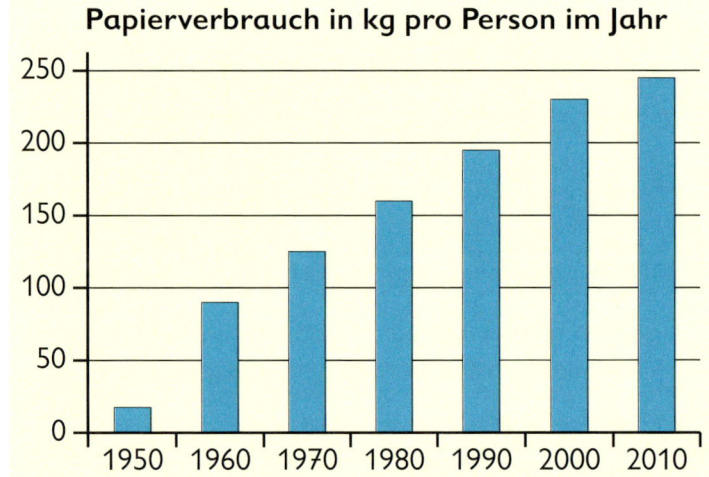

Papierverbrauch in kg pro Person im Jahr

S. 72, Nr. 2 b)

Jahr	Papierverbrauch in kg pro Person
1 9 5 0	32 kg
1 9 6 0	

c) Vergleiche den Papierverbrauch
von 1950 und 2010.

d) Befrage deine Großeltern, ältere Nachbarn,
Verwandte und Bekannte.
Wofür wurde früher noch kein Papier benutzt?

Schlimm, dass für
unser Papier überall auf
der Welt Bäume gefällt
werden müssen.

---

③ Jeder 5. Baum, der abgeholzt wird, landet in einer Papierfabrik.
Die Abholzung schadet Menschen, Tieren und Pflanzen und verändert
das Klima. Aus einem ausgewachsenen Eukalyptusbaum lassen sich etwa
1 484 kg Papier herstellen, aus einer Fichte in der gleichen Größe nur 671 kg.

• Versuche mit einem Partner herauszufinden, wie viele Bäume der beiden
Arten jeweils für den Jahresverbrauch eurer Klasse an Papier gefällt
werden müssen.

1 Sachaufgabe lösen;
2 Informationen aus einem Säulendiagramm entnehmen und übertragen, Sachfragen beantworten;
3 Rodung zur Papierherstellung kritisch diskutieren
E▶34 AH▶35 A▶34

Zum Schutz der Bäume und damit der Umwelt wird ein Teil unseres Papiers aus Altpapier hergestellt. Deshalb sammeln wir Altpapier. Das Papier aus Altpapier heißt auch **Recyclingpapier**.

Die Herstellung von Recyclingpapier wird staatlich überwacht. Der Blaue Engel ist das offizielle Zeichen für Papier, das ganz aus Altpapier hergestellt ist.

Hättest du das gewusst?

Für die Herstellung von einem Kilogramm Recyclingpapier werden 1,1 kg Altpapier benötigt.

Jedes Jahr werden auf der Welt 300 Millionen Tonnen Papier verbraucht.

Für die Herstellung von einem Kilogramm Recyclingpapier werden nur 15 l Wasser benötigt.

Für die Herstellung von einem Kilogramm Neupapier werden 2,4 kg Holz benötigt.

In deutschen Schulen werden jährlich etwa 200 Millionen Schulhefte verbraucht, aber weniger als 20 Millionen davon sind aus Recyclingpapier hergestellt.

In einem 3-Personen-Haushalt fallen pro Woche etwa 15 kg Altpapier an.

Für die Herstellung von einem Kilogramm Neupapier werden 100 l Wasser benötigt.

④ a) Besprecht die Informationen, bevor ihr die Fragen beantwortet.

b) Wie viel Altpapier wird benötigt, um einen Karton Kopierpapier herzustellen?

c) Wie viel Holz wird pro Karton benötigt, wenn Neupapier zum Kopieren benutzt wird?

d) Wie viele Liter Wasser werden bei der Herstellung eines Kartons eingespart, wenn Recyclingpapier zum Kopieren benutzt wird?

e) Wie viele Schulhefte des jährlichen Verbrauchs in Deutschland sind nicht aus Recyclingpapier hergestellt?

f) Berechne für deine Familie, welche Altpapiermenge in einer Woche/im Jahr (52 Wochen) anfällt.

g) Gehört Deutschland zu den Ländern, die viel oder wenig Papier verbrauchen? Was vermutest du? Begründe deine Meinung.

⑤ a) Sucht zuhause und in der Schule nach Papierprodukten, die aus Altpapier hergestellt sind.

b) Informiert euch im Internet und in Büchern über das Recycling von Papier und erstellt ein Info-Plakat.

c) Gestaltet ein Plakat mit Tipps zum Papiersparen.

4 Informationen zu Recyclingpapier aufnehmen, diskutieren und Fragen beantworten;
5 Recherche zum Thema Recyclingpapier durchführen und Info-Plakat erarbeiten, Plakat mit Hinweisen zum Papiersparen erstellen

E▶34 AH▶35 A▶34

73

Gewichte und Volumina

① Nehmt eine mit Wasser gefüllte 1-Liter-Flasche und wiegt sie auf einer Küchenwaage.
Bestimmt anschließend das Gewicht der leeren Flasche.
Was stellt ihr fest? Ergänzt und notiert im Heft.

Die gefüllte Flasche wiegt ___.
Die leere Flasche wiegt ___.

1 l Wasser wiegt also: ___.

Wie schwer ist 1 Liter Wasser?

② Wie viel wiegen diese Wassermengen?

a)	b)	c)	d)	e)
2 l	$\frac{1}{2}$ l	200 ml	0,125 l	0,3 l
3 l	$\frac{1}{4}$ l	100 ml	2,450 l	1,5 l
5 l	$1\frac{1}{2}$ l	50 ml	0,75 l	0,25 l
10 l	$\frac{3}{4}$ l	350 ml	5,25 l	0,9 l

③ Frau Braun kauft im Supermarkt 6 Flaschen Mineralwasser mit je 1,5 l Inhalt.
Eine leere Kunststoffflasche wiegt 40 g.

a) Wie viele Liter Mineralwasser kauft sie ein?

b) Wie schwer ist ihr Einkauf, wenn die Außenverpackung noch etwa 50 g wiegt?

④ Herr Weiß kauft einen Kasten Mineralwasser in Glasflaschen. Im Kasten sind 12 Flaschen mit je 0,7 l Inhalt.
Eine leere Glasflasche wiegt 572 g, der leere Pfandkasten hat ein Gewicht von 1,314 kg.

a) Wie viele Liter Wasser kauft Herr Weiß?

b) Wie schwer ist der Einkauf von Herrn Weiß?

c) Vergleiche die Einkäufe von Frau Braun und Herrn Weiß.

⑤ Im Schwimmbad ist das Schwimmerbecken 50 m lang und 10 m breit.
Die Wassertiefe beträgt überall 2 m.

Wie viele Liter Wasser sind nötig, um das Becken zu füllen?

1 herausfinden, wie viel 1 Liter Wasser wiegt; 2 Gewicht von Wassermengen bestimmen;
3–4 Gewicht zweier Einkäufe berechnen und vergleichen; 5 Füllmenge für ein Schwimmbecken berechnen

E ▶ 34 AH ▶ 36 A ▶ 34

6 Die Kinder der Klasse 4a möchten für ihren Klassenraum gerne ein Aquarium anschaffen. Sie vergleichen drei Modelle.

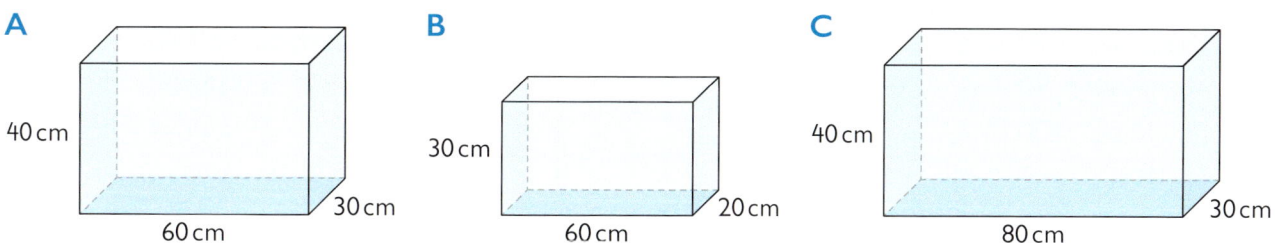

A
40 cm
60 cm
30 cm

B
30 cm
60 cm
20 cm

C
40 cm
80 cm
30 cm

a) Wie viele Liter Wasser passen in die Aquarien?

b) Berechne den Gewichtsunterschied der Wassermengen in den Aquarien.

c) Die einzelnen Aquarien wiegen leer 6,28 kg, 14 kg und 23,4 kg. Der Raumteiler im Klassenraum darf mit höchstens 90 kg belastet werden.

Eine Wasseruhr ist keine richtige Uhr, sondern ein Zähler, der den Wasserverbrauch misst. Einmal im Jahr wird abgelesen, wie viel Wasser die Bewohner des Hauses verbraucht haben.

> Wasser ist teuer.
> Ein Kubikmeter kostet je nach Gemeinde zwischen 1,20 € und 2,30 €.

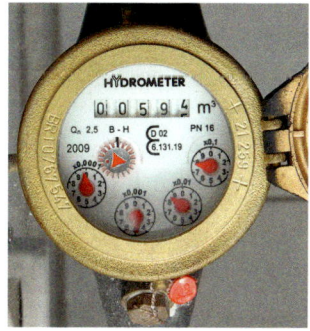

7 Am Tag verbraucht jeder Deutsche etwa 130 l Wasser. Berechne den durchschnittlichen Monatsverbrauch (30 Tage) und den Jahresverbrauch (12 Monate). Wie viele Kubikmeter Wasser sind das ungefähr pro Person im Jahr?

8 a) Frage deine Eltern oder recherchiere im Internet, wie teuer das Wasser in deiner Gemeinde oder Stadt ist.

b) Überschlage, wie viel Geld deine Familie im Monat als Wassergeld einplanen muss. Eine Tabelle kann dir helfen.

Personen in der Familie	Wasserver-brauch/Tag	Wasserver-brauch/Monat	Preis für 1 Kubikmeter	Gesamtpreis pro Monat

---

9 Ein tropfender Wasserhahn verliert pro Stunde etwa $\frac{1}{2}$ l Wasser.

a) Berechne den Wasserverlust:
  – am Tag   – in der Woche   – im Monat

b) Berechne auch die monatlichen Kosten, die zusätzlich durch einen tropfenden Wasserhahn entstehen.

6 Volumenvergleich dreier Quader (Aquarien) durchführen, Füllmenge und Gewicht bestimmen;
7–9 Berechnungen zu Wasserverbrauch und Kosten
E ▶ 34 AH ▶ 36 A ▶ 34

75

Das kann ich schon!

Im Kopf und halbschriftlich multiplizieren

1 Diese Aufgaben kannst du sicher im Kopf lösen.

a)	b)	c)	d)
40 · 70	8 000 · 60	5 · 99 000	6 · 101 000
400 · 70	800 · 600	7 · 199 000	8 · 111 000
4 · 700	6 · 8 000	4 · 99 999	2 · 444 444
4 000 · 7	60 · 800	3 · 199 998	9 · 100 100

2 Rechne mit deinem Rechenweg.

a)	b)	c)	d)	e)
6 · 505	5 · 2 200	12 · 99	4 · 1 221	11 · 105
5 · 222	4 · 1 300	4 · 199	2 · 2 233	12 · 203
4 · 440	6 · 3 040	6 · 999	3 · 3 333	11 · 501
7 · 110	2 · 4 020	5 · 998	6 · 3 003	13 · 102

Schriftlich multiplizieren

3 Überschlage zuerst. Rechne dann schriftlich und überprüfe dein Ergebnis.

a)	b)	c)	d)	e)
3 462 · 6	2 063 · 4	758 · 40	395 · 43	412 · 325
4 573 · 3	3 408 · 5	982 · 30	428 · 72	324 · 217
23 454 · 4	12 009 · 9	24 317 · 60	5 466 · 54	225 · 225
11 344 · 7	30 718 · 6	53 075 · 50	6 841 · 35	306 · 414
62 453 · 8	42 380 · 8	85 977 · 70	23 046 · 64	5 406 · 126

Kommazahlen multiplizieren

4 **a)** Für eine Hecke werden 45 Pflanzen benötigt.
Überschlage zuerst, berechne dann den genauen Preis.

b) Zwei 4. Schuljahre (46 Kinder) haben bei einem Wettbewerb
250 € gewonnen. Sie planen einen Ausflug in den Zoo.
Der Eintritt kostet für jedes Kind 3,75 €, die Busfahrt 2,30 €.
Reicht das Geld?

4,35 €

5 Notiere zuerst die Aufgaben mit dem Ergebnis, die du schnell im Kopf rechnen kannst.
Rechne die übrigen Aufgaben schriftlich.

SCHRIFTLICH ? | IM KOPF

22 322 · 3

14 386 · 7

5 872 · 45

19 999 · 8

24 024 · 20

9 759 · 9

10 001 · 6

1 Aufgaben im Zusammenhang sehen und im Kopf lösen;
2 eigene Rechenwege nutzen; 3 Schriftlich multiplizieren; 4 Geldbeträge schriftlich multiplizieren;
5 Reihenfolge der Bearbeitung nach Beurteilung entscheiden

E ▶ 35   A ▶ 35

Sachrechnen – Tierrekorde

6

Karibu

Das Karibu ist eine von vielen Rentierarten. Karibus leben ganz im Norden von Kanada und Alaska, in einem Gebiet, das man Tundra nennt. Dort gibt es keine Bäume, nur Gras und Flechten.
Im Herbst ziehen die Herden nach Süden, um in den Wäldern zu überwintern. Auf ihren Wanderungen legen die Rentiere bis zu 5 000 km im Jahr zurück. Rentiere leben in kleineren Gruppen von 20 bis 100 Tieren zusammen. Zu den Wanderungen finden sich die kleinen Gruppen zu Herden von mehreren Tausend Tieren zusammen. In einigen Gebieten kann so eine Riesenherde sogar 100 000 Tiere umfassen. In der Natur werden Rentiere bis zu 15 Jahre alt.

a) Wie viele Kilometer ziehen die Rentiere auf ihren Wanderungen nach Süden?

b) Wie viele Kilometer legt ein Rentier im Laufe seines Lebens auf den Wanderungen zurück?

c) Stell dir vor, lauter kleine Herden mit 50 Tieren schließen sich zur Riesenherde zusammen. Wie viele kleine Herden sind dann gemeinsam unterwegs? Überschlage.

Rechnen mit Gewichten und Volumina

7 Wie viel wiegen diese Wassermengen?

a)	b)	c)	d)	e)
4 l	$4\frac{1}{2}$ l	300 ml	0,75 l	1,5 l
12 l	$3\frac{3}{4}$ l	1 000 ml	0,5 l	0,9 l
120 l	$\frac{1}{4}$ l	350 ml	0,255 l	3,125 l
25 l	$10\frac{1}{2}$ l	5 125 ml	0,125 l	4,007 l

8 Herr Schwarz kauft einen Kasten mit Mineralwasser in Kunststoffflaschen. Eine leere Flasche wiegt 32 g, die gefüllte Flasche 1 032 g. Der leere Kasten wiegt 2 020 g.

a) Wie schwer ist der mit 12 Flaschen gefüllte Kasten?

b) Wie viel Liter Inhalt hat eine Flasche?

c) Für den Geburtstag seiner Tochter Lena kauft Herr Schwarz fünf Kästen Mineralwasser. Wie schwer ist dieser Einkauf?

Ich weiß: 1 l Wasser wiegt …

9 a) Wie viele Liter Wasser passen in die Aquarien?

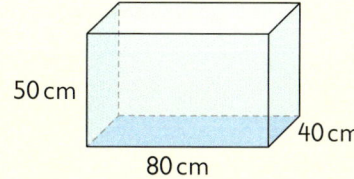
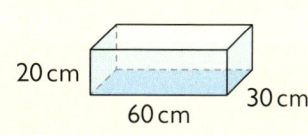
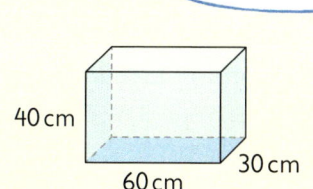

b) Herr Jung möchte ein Aquarium auf seine Kommode stellen. Die Kommode darf mit maximal 90 kg belastet werden. Er weiß, dass die leeren Aquarien 37,4 kg, 14 kg und 23,4 kg wiegen.

6 Sachfragen auf der Grundlage des Infotextes und durch Berechnung beantworten;
7 Gewicht der Wassermengen berechnen; 8 Sachaufgabe lösen;
9 Volumen- und Gewichtsvergleich dreier Quader (Aquarien)
E▶35 A▶35

77

Daten sammeln und darstellen

Zum Abschluss der Grundschulzeit unternimmt die Klasse 4 b noch eine Klassenfahrt.

① **Wanderung**

Am Dienstag möchte die Klasse eine Wanderung zum Abenteuerspielplatz machen.
Damit dort genügend Zeit bleibt, sollen Hin- und Rückweg zusammen nicht länger als
$2\frac{1}{2}$ Stunden dauern. Die Kinder gehen durchschnittlich 4 km in der Stunde.
Nun überlegen sie, welche Wege sie gehen können.
Von der Jugendherberge aus kommen sie nach 1,5 km zu einem See. Von dort aus führt ein
3 km langer Wanderweg an einem Streichelzoo vorbei zum Spielplatz. Der direkte Weg zum
Spielplatz ist 2,5 km lang. Zwischen dem See und dem Streichelzoo liegen 1000 m.
Eine 1 km lange Abkürzung führt vom Spielplatz an der Straße entlang zum See.

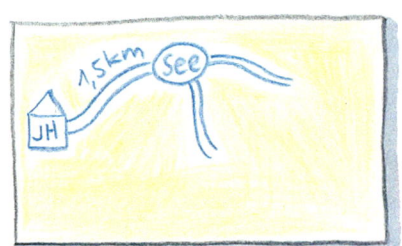

a) Übertrage die Skizze in dein Heft und vervollständige sie.

b) Vergleiche verschiedene Wege. Bleibt genügend Zeit,
um für eine $\frac{1}{2}$ Stunde den Streichelzoo zu besuchen?

c) Plane die Wanderung.
Wie viele Kilometer müssen die Kinder laufen?

d) Wie lange dauert der Ausflug, wenn die Kinder $1\frac{1}{2}$ Stunden
auf dem Abenteuerspielplatz verbringen?

---

② **Getränkeverbrauch**

Für die Kinder stehen immer Wasserkästen bereit. Am letzten Tag wurden 4 Flaschen
gebraucht, das sind sechs weniger als am Vortag.
Mittwochs und donnerstags wurden gleich viele Flaschen
verbraucht. Am Dienstag tranken die Kinder nach der
anstrengenden Wanderung viermal so viel Mineralwasser
wie am letzten Tag. Am 1. Tag haben sie nur
halb so viele Flaschen benötigt.

Tag	Mo	Di	Mi	Do	Fr
Flaschen					4

a) Übertrage die Tabelle in dein Heft und
fülle sie aus.

b) Stelle den Mineralwasserverbrauch in
einem Balkendiagramm dar.

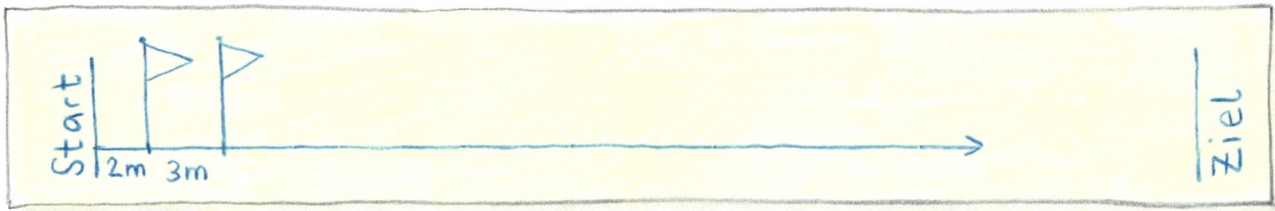

---

③ **Slalomlauf**

Für einen Slalom-Wettlauf stecken die Kinder immer mit einem Abstand von 3 m Fahnen in
einer Reihe in den Boden. Die gesamte Laufstrecke ist 100 m lang.

Wie viele Fahnen benötigen die Kinder, wenn die erste und
letzte Fahne jeweils 2 m von Start- und Ziellinie entfernt stecken?

1 Skizze verstehen und vervollständigen;
2 Tabelle lösungswirksam nutzen, Balkendiagramm zeichnen;
3 Skizze als Lösungshilfe nutzen

E▶36 AH▶37 A▶36

4 Denknüsse am Abend

Abends stellt die Lehrerin folgende Knobelaufgabe:
Eine kleine Schnecke fällt in einen 9 m tiefen Brunnen. Tagsüber schafft es die Schnecke, 3 m nach oben zu kriechen. Aber jede Nacht rutscht sie im Schlaf wieder 2 m herunter. Nach wie vielen Tagen kommt die Schnecke oben an?

5 Vor der Schnitzeljagd

Die Schnitzeljagd soll nach dem Mittagessen stattfinden. Das Essen beginnt um 12.30 Uhr und dauert eine halbe Stunde. Danach hilft der Tischdienst 15 Minuten beim Aufräumen. Anschließend sollen sich alle Kinder noch 20 Minuten auf den Zimmern ausruhen. Bis alle Kinder nach der Mittagsruhe für die Schnitzeljagd fertig angezogen sind, vergeht noch einmal eine Viertelstunde.

Kann die Schnitzeljagd um 14.00 Uhr beginnen?
Wähle eine der Lösungsideen aus und führe sie zu Ende.

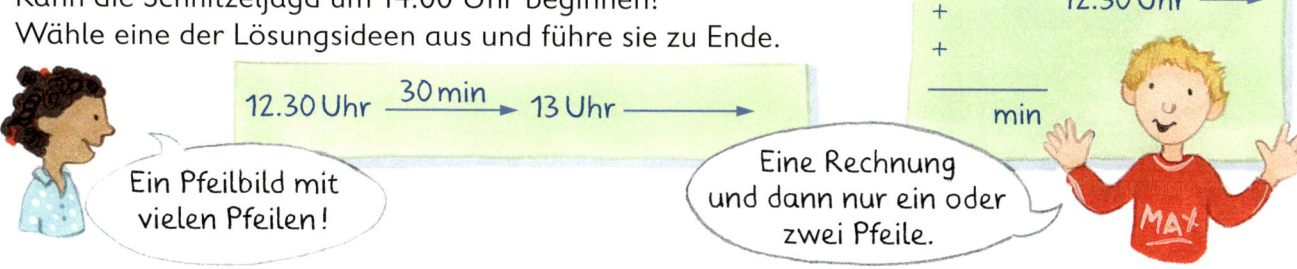

12.30 Uhr $\xrightarrow{30\,min}$ 13 Uhr $\longrightarrow$

Ein Pfeilbild mit vielen Pfeilen!

```
      30 min
    + 15 min
    +            12.30 Uhr  ⟶
    +
    _____
        min
```

Eine Rechnung und dann nur ein oder zwei Pfeile.

6 Die Schnitzeljagd

Die erste Gruppe möchte den Schatz nach einer Wegstrecke von 4 km verstecken.
Sie markiert ihren Weg mit Pfeilen. Daher schafft sie nur 50 m pro Minute.
Die Schatzsucher finden den Weg schneller. Sie gehen 80 m in einer Minute.
Die erste Gruppe soll eine Dreiviertelstunde Vorsprung haben.

a) Reicht der Vorsprung oder holen die Schatzsucher die erste Gruppe auf dem Weg ein?
b) Wie viel Zeit hat die erste Gruppe, um den Schatz zu verstecken?

• ☐ • Welche Lösungsansätze helfen, die Fragen zu beantworten?
Diskutiert die unterschiedlichen Ideen. Entscheidet, welche Anregung ihr nutzen möchtet.

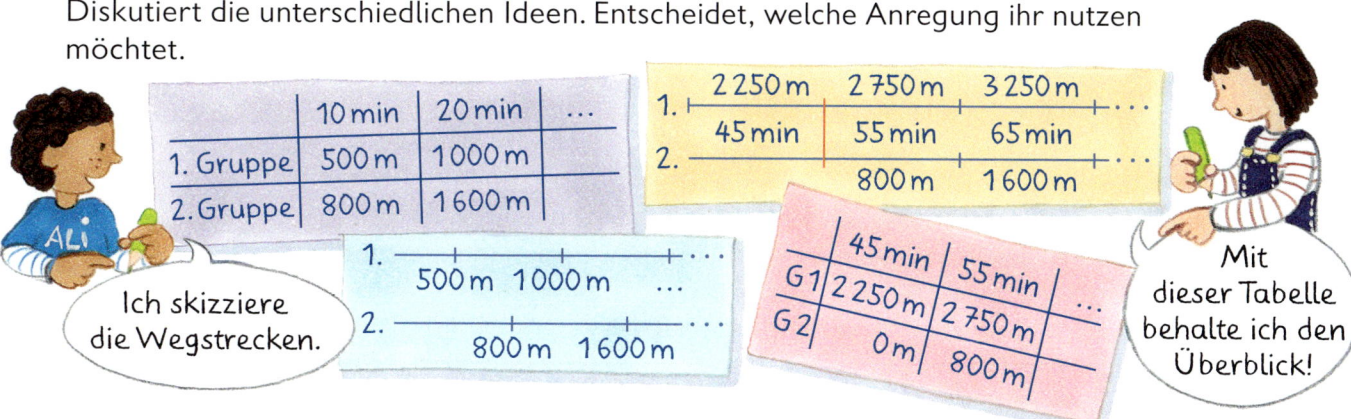

Ich skizziere die Wegstrecken.

Mit dieser Tabelle behalte ich den Überblick!

7 Nachtwanderung

Die Lehrerin plant eine aufregende Nachtwanderung, bei der die Kinder als Mutprobe 300 m alleine durch eine dunkle Schlucht gehen müssen. Sie möchte vom Start bis zur Ziellinie alle 15 m eine Kerze im Glas als Wegweiser aufstellen.
Wie viele Kerzen benötigt sie? Eine Skizze kann dir helfen.

4 Knobelaufgabe lösen; 5 Lösungsansätze der Kinder nachvollziehen und weiter führen;
6 Lösungsideen diskutieren, beurteilen und sich für eine Anregung entscheiden;
7 Lösung ggf. mit Hilfe einer Skizze finden

E▶36 AH▶37 A▶36

79

Häufigkeiten und Wahrscheinlichkeiten

① Superwürfel –
ein Spiel für 2 bis 4 Spieler

Die Summe ist 7.	Das Produkt ist ungerade.	Du hast einen Pasch gewürfelt.	Beide Würfel zeigen eine 3.	Die Summe ist kleiner als 6.
Das Produkt ist größer oder gleich 10.	Mindestens ein Würfel zeigt eine ungerade Zahl.	Das Produkt ist eine Quadratzahl.	Die Summe ist gerade.	Die Summe beträgt 11 oder 3.

Spielregel: Jeder Spieler benötigt den Spielplan, zwei Würfel und 10 Wendeplättchen.
Ihr seid abwechselnd an der Reihe.
Ein Spieler fängt an. Er würfelt mit zwei Würfeln. Dann belegt er ein Feld, dessen Bedingung durch das Würfelergebnis erfüllt wird, mit einem roten Plättchen. Passt das Würfelergebnis zu keinem Feld, so setzt er ein blaues Plättchen auf ein beliebiges Feld. Auf jedes Feld darf nur ein Plättchen gelegt werden. Nun ist der nächste Spieler an der Reihe.

Nach 10 Durchgängen sind alle Felder belegt. Gewonnen hat der Spieler, der die meisten roten Plättchen auf seinem Spielplan liegen hat.

a) Spielt das Spiel mehrmals durch und notiert in einer Tabelle, wie ihr die Felder belegen konntet. Vergleicht eure Spielergebnisse.

b) Gibt es Felder, deren Bedingungen besonders häufig erfüllt werden? Notiere sie.

c) Findest du auch Felder, die nur ganz selten mit einem roten Plättchen belegt werden können?

	Rot	Blau
Summe 7		
Produkt ungerade		
Pasch		
beide Würfel 3		
Summe < 6		
Produkt = oder > 10		
mindestens 1 ungerade Zahl		
Produkt ist Quadratzahl		
Summe gerade		
Summe 11 oder 3		

d) Finde für jedes Feld heraus, wie viele Möglichkeiten es jeweils gibt, die Bedingung zu erfüllen. Trage die möglichen Würfelkombinationen in eine Tabelle ein.

	mögliche Kombinationen	___ von 36 Möglichkeiten
Summe 7	(1,6), (2,5), (3,4), (4,3), (5,2), (6,1)	6
Produkt ungerade		
Pasch		
beide Würfel 3		

e) Welche Felder wählst du als erste aus, wenn du ein blaues Plättchen legen musst? Begründe.

1 Spiel mehrfach ausführen, Verläufe reflektieren, Zusammenhänge analysieren, Erfahrungen in weiteren Spielverläufen nutzen

E▶37 AH▶38 A▶37

② Jan hat ein Säckchen mit roten und blauen Murmeln gefüllt.
Alle Kinder der Klasse ziehen eine Murmel, notieren die Farbe in einer Strichliste und legen die Kugel zurück. Nach fünf Runden ist diese Strichliste entstanden:

Rot	卌 卌 卌 卌 卌 卌 卌 卌 卌 卌 卌 卌 卌 卌 卌 卌 卌Ⅱ
Blau	卌 卌 卌 卌 卌 卌 卌 卌 卌 卌Ⅱ

Was vermutest du? Begründe deine Meinung.

Im Säckchen sind wahrscheinlich

A – gleich viele blaue wie rote Murmeln.
B – mehr rote als blaue Murmeln.
C – ungefähr halb so viel blaue wie rote Murmeln.
D – weniger rote als blaue Murmeln.

③ Maria hat 8 rote und 2 blaue Murmeln in ihrem Säckchen.
Sie holt, ohne hinzusehen, drei Murmeln heraus.
Die Kinder ihrer Klasse vermuten:
(1) Die erste gezogene Murmel ist rot.
(2) Du hast 3 blaue Murmeln gezogen.
(3) Deine erste gezogene Kugel ist blau oder rot.
(4) Du hast drei rote Kugeln gezogen.

a) Ordne passende Aussagen zu.
Das ist unmöglich.
Das ist möglich, aber nicht sicher.
Das ist wahrscheinlich.
Das ist sicher.

b) Wie viele Murmeln muss Maria höchstens ziehen, um sicher eine blaue Murmel dabei zu haben?

> **Sicher:** Das Ergebnis tritt **immer** ein.
> **Unmöglich:** Das Ergebnis tritt **nie** ein.
> **Möglich, aber nicht sicher:**
> Das Ergebnis **kann** eintreten.
> **Wahrscheinlich:** Das Ergebnis tritt **häufiger** ein als andere.

④ In Alis Sockenschublade liegen 8 weiße Socken, 8 blaue Socken und 8 braune Socken durcheinander. Da es schnell gehen soll, greift Ali in die Schublade und zieht eine Socke nach der anderen heraus.

a) Wie viele Socken muss Ali höchstens herausnehmen, um mindestens zwei gleichfarbige Socken zu erwischen?

b) Wie viele Socken muss er höchstens herausnehmen, wenn er ein Paar weiße Socken anziehen möchte?

❺ Lea hat Geburtstag. Auf ihrer Geburtstagsfeier sind zusammen mit Lea 10 Kinder.
Sie unterhalten sich über die Wochentage, an denen sie Geburtstag haben.
Lea behauptet: „Bei 10 Kindern haben mindestens 2 am gleichen Wochentag Geburtstag."

Hat Lea recht? Was meinst du? Begründe deine Meinung.

2 Füllung des Murmelsäckchens anhand der Strichliste beurteilen;
3 Voraussetzungen verstehen, Wahrscheinlichkeit der Aussagen beurteilen;
4 Mindestanzahl der Versuche zum sicheren Ereignis finden; 5 Wahrheitswert begründet beurteilen

81

E▶37 AH▶38 A▶37

Kombinatorik

①

Dieses Fahrrad gibt es:

– in zwei Größen

– in den Farben Rot, Blau und Schwarz.

– mit einer 3-Gang-Schaltung,
  einer 7-Gang-Schaltung oder
  einer 21-Gang-Schaltung

So können Kinder ihr Fahrrad zusammenstellen.
In diesem Schaubild findest du alle Möglichkeiten.
Man nennt so ein Schaubild „Baumdiagramm".

2 Größen in je **3 Farben** mit je **3 Schaltungen**

```
                    3
            R       7
                    21

                    3
groß        B       7
                    21

                    3
            S       7
                    21

                    3
            R       7
                    21

                    3
klein       B       7
                    21

                    3
            S       7
                    21
```

a) Wie viele verschiedene Fahrräder
sind möglich?
Kannst du die Anzahl berechnen?
Erkläre deinen Lösungsweg.

b) Aus wie vielen Fahrrädern kann
Tim wählen?
Wie viele Möglichkeiten hat Lea?

Ich hätte gern ein Fahrrad mit 21 Gängen.

Ich wünsche mir ein blaues Fahrrad.

Diese Fahrräder gibt es mit zwei verschiedenen Ständern.

② Wie viele Fahrräder sind dadurch möglich?

Einbeinständer

Zweibeinständer

82

③ Für das Abendessen an Leas Geburtstag hat ihre Mutter extra eine Speisekarte gedruckt. Die Kinder können eine Vorspeise, ein Hauptgericht und einen Nachtisch auswählen.

Speisekarte

Vorspeisen
Rohkostteller mit Dips
Teufelskartoffeln

Hauptgerichte
Pizza Salami
Spagetti mit Tomatensoße
Schnitzel mit Pommes frites

Desserts
Wackelpudding
Gemischtes Eis
Milchreis mit Zimt und Zucker
Rote Grütze

a) Wie viele verschiedene Möglichkeiten haben die Kinder, ein Menü zusammenzustellen?

b) Einige Kinder sind noch so satt, dass sie nur zwei Gerichte essen möchten. Aus wie vielen Kombinationen können sie wählen?

c) Wie viele Kombinationsmöglichkeiten bleiben für Super M?

Für mich muss Pizza dabei sein!

④ Bilde Zahlen aus diesen Ziffern.

a) Notiere alle möglichen vierstelligen Zahlen mit der kleinsten Ziffer an der Tausenderstelle.

b) Notiere alle Zahlen mit der größten Ziffer an der Tausenderstelle.

c) Wie viele verschiedene vierstellige Zahlen kannst du insgesamt aus den Ziffern bilden?

d) Wie viele verschiedene dreistellige Zahlen kann man aus den vier Ziffern bilden?
Überlege zuerst:
Sind es genauso viele dreistellige wie vierstellige Zahlen?
Zeichne ein passendes Baumdiagramm.

Ich nehme zuerst die kleinste Ziffer als Hunderter; die anderen Ziffern der Größe nach an die Zehner- und Einerstelle.

⑤ Wie verändert sich die Anzahl der möglichen fünfstelligen Zahlen, wenn ihr nicht verschiedene Ziffern zur Verfügung habt, sondern eine oder zwei Ziffern doppelt benutzen müsst? Notiert eure Überlegungen.

3 Kombinationsmöglichkeiten berechnen; 4 nach Vorgabe 4-stellige Zahlen bilden, Anzahl der Möglichkeiten berechnen, Anzahl der verschiedenen 3-stelligen Zahlen aus 4 Ziffern finden; 5 Variationen zu 5-stelligen Zahlen reflektieren

E▶38 AH▶39 A▶38

83

Rechter Winkel/Parallelen

① Falte ein Blatt an beliebiger Stelle und falte es dann wieder auf. Sichtbar ist jetzt die Talfalte.

 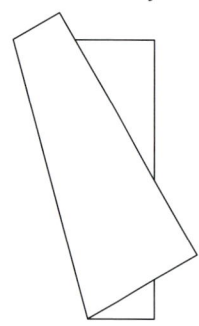 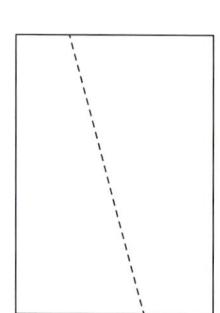

Falte nun das Blatt ein zweites Mal. Dabei sollen die beiden Teile der Talfalte genau aufeinanderliegen.

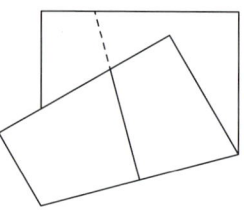

Wenn du jetzt wieder auffaltest, stehen die beiden Talfalten **senkrecht** zueinander, wie es das letzte Bild zeigt. Alle Winkel zwischen den Faltlinien sind gleich groß. Sie heißen **rechte Winkel**. Deshalb kann man auch sagen, die Talfalten stehen **rechtwinklig** zueinander.

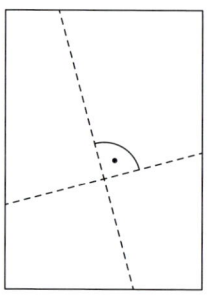

 So kennzeichnet man rechte Winkel.

② Stelle durch dreimaliges Falten einen Faltwinkel her.
Er ist ein praktisches Hilfsmittel zum Überprüfen, ob Winkel rechte Winkel sind.
Notiere, wo in deiner Umgebung rechte Winkel vorkommen.

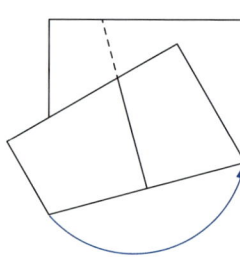 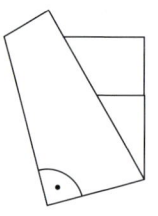

③ a) Untersuche die verschiedenen Vierecke auf rechte Winkel.
Notiere, bei welchen Vierecken du rechte Winkel findest und wie viele es sind.

b) Beschreibe ein Quadrat so genau wie möglich.

84

1 durch Falten rechte Winkel erzeugen; **2** Faltwinkel herstellen;
3 mit dem Faltwinkel prüfen, welche Winkel an den Vierecken rechte Winkel sind

E ▶ 39   AH ▶ 40   A ▶ 39

④ Mit dem Geodreieck kannst du rechte Winkel sehr genau zeichnen.

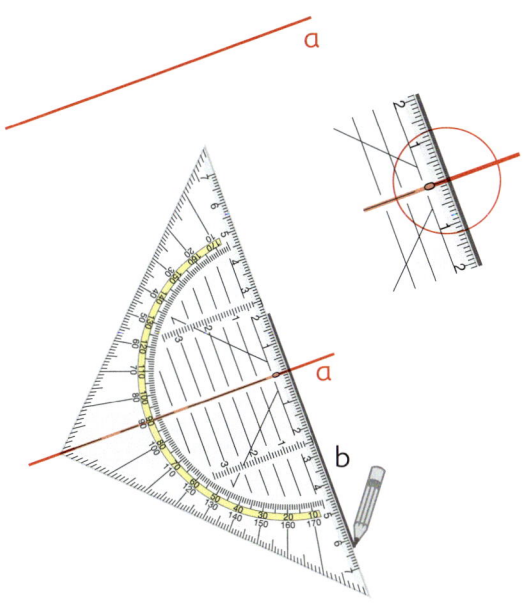

– Zeichne eine Gerade a.
– Lege die Mittellinie deines Geodreiecks auf die Gerade. Der Nullpunkt der Zentimetereinteilung liegt genau da, wo du den rechten Winkel zeichnen möchtest.
– Zeichne die rechtwinklig zur Geraden verlaufende Linie b. Sie heißt auch Senkrechte.

b verläuft senkrecht zu a und umgekehrt.

b ⊥ a

⑤ Prüfe mit dem Geodreieck, welche Geraden senkrecht zueinander verlaufen.

Notiere wie im Beispiel.

| S. 85, Nr. 5 |
| a ⊥ g |

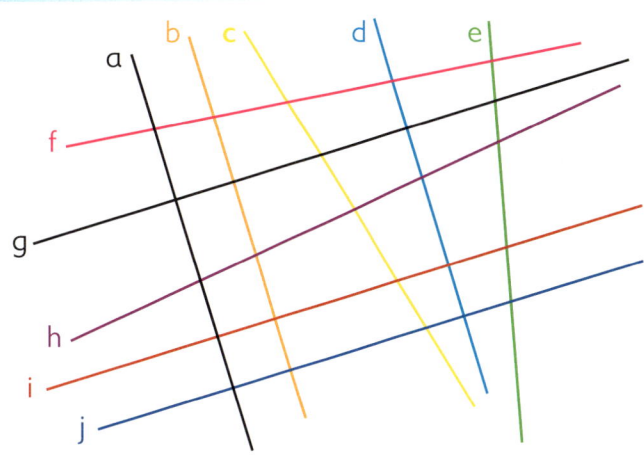

⑥ Lena hat alle Geraden aus Aufgabe 5, zu denen a senkrecht verläuft, noch einmal aufgezeichnet. Den **Abstand** zwischen den Geraden hat sie jeweils an zwei Stellen mit Doppelpfeilen gekennzeichnet.

a) Wie groß ist der Abstand zwischen g und i und zwischen i und j?

b) Wie groß ist der Abstand zwischen g und j?

Geraden, die überall den gleichen Abstand haben, heißen **Parallelen**.

c) Notiere, welche Geraden parallel verlaufen.

Für **g verläuft parallel zu i** schreibt man **g ‖ i**.

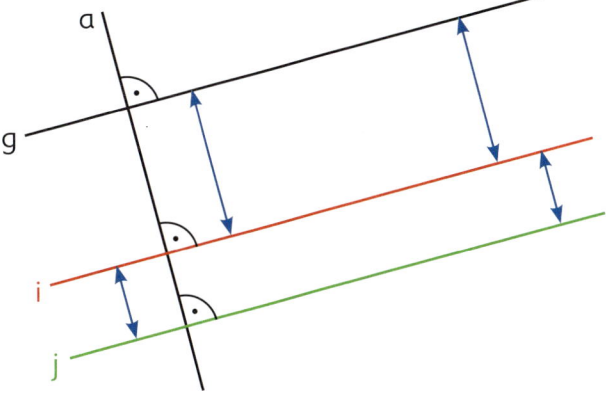

4 mit dem Geodreieck rechte Winkel zeichnen;
5 mit dem Geodreieck senkrecht zueinander verlaufende Geraden nachweisen;
6 verstehen, was Abstand bedeutet und die Beschreibung für Parallelen erarbeiten

85

E▶39 AH▶40 A▶39

Zeichnen mit dem Geodreieck

Die Beispiele zeigen dir, wie du mit dem Geodreieck genau und schnell zeichnen kannst. Zeichne immer auf unliniertem Papier.

① Strecken

Zeichne die Strecke a = 3 cm.
Zeichne zuerst eine Gerade entlang der Kante mit der Zentimetereinteilung. Markiere den Anfangspunkt bei „Null" und den Endpunkt der Strecke entsprechend der angegebenen Länge.

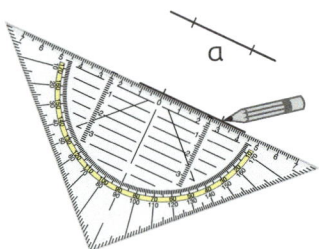

Wenn die Strecke länger als 7 cm werden soll ...

Zeichne auf diese Weise die Strecken:
a = 3 cm   b = 4,5 cm   c = 5 cm
d = 8,2 cm   e = 10 cm   f = 7,7 cm

---

② Rechte Winkel

a) Zeichne 4 rechte Winkel in verschiedenen Lagen. Schau auf S. 85 nach.

b) Prüfe mit dem Geodreieck, ob du genau gezeichnet hast. Erprobe verschiedene Möglichkeiten.

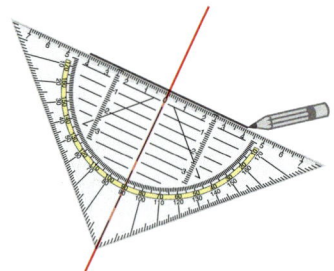

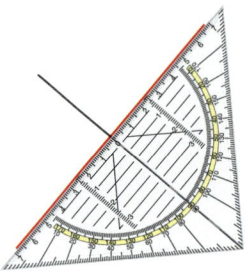

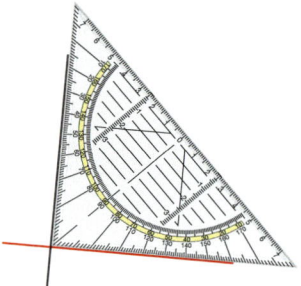

---

③ Parallelen – parallele Geraden (griechisch para „neben" und allelon „einander")

a) Zeichne zuerst eine Gerade a. Lege das Geodreieck auf, wie beim Zeichnen einer Senkrechten. Verschiebe das Geodreieck wie im Beispiel und zeichne mehrere Geraden. Sie alle verlaufen parallel zueinander.

b) Auf dem Geodreieck sind im Abstand von jeweils 5 mm parallel verlaufende Linien zu sehen. Zeichne jeweils 3 parallel verlaufende Geraden im Abstand von:
1,5 cm, 2 cm, 3 cm

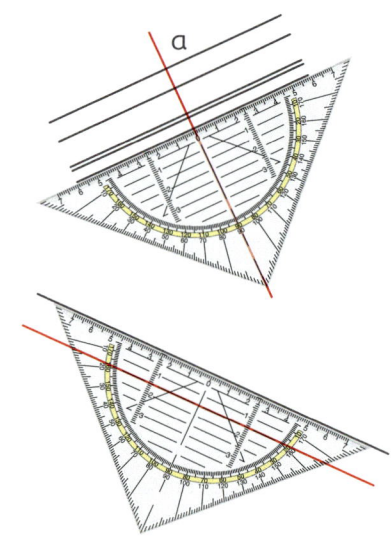

④ Quadrate und Rechtecke

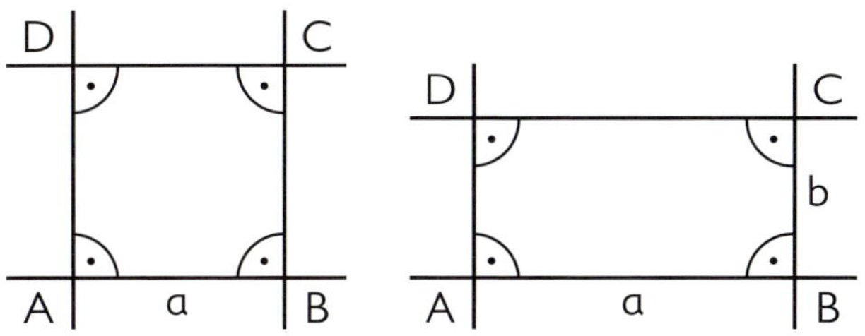

D
C
A
a
B
D
C
b
A
a
B

a) Zeichne ein Quadrat mit der Seitenlänge a = 4 cm. Erprobe die Wege von Vedat und Jan. Benenne die Seiten und Eckpunkte und zeichne die rechten Winkel ein.

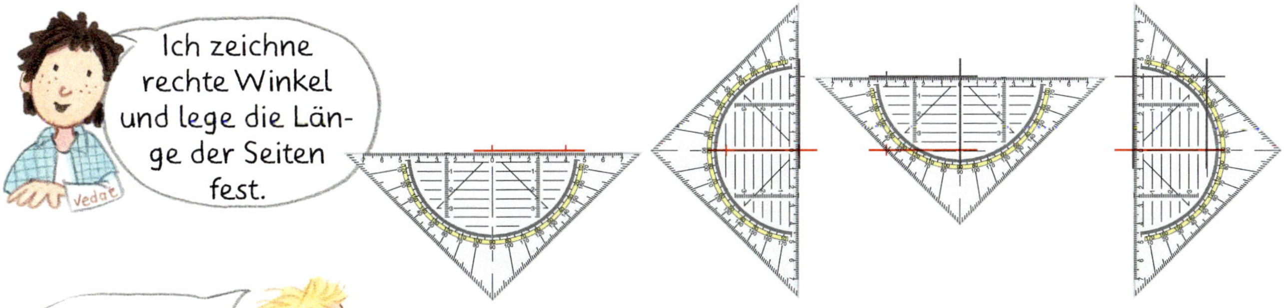

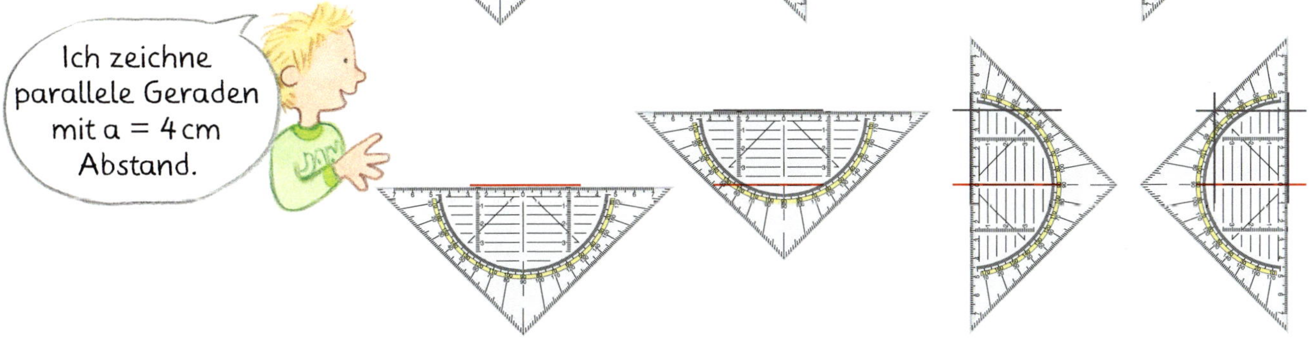

Ich zeichne rechte Winkel und lege die Länge der Seiten fest.
Vedat

Ich zeichne parallele Geraden mit a = 4 cm Abstand.

b) Zeichne ein Rechteck mit den Seitenlängen a = 5,5 cm und b = 3,5 cm.
Entscheide, wie du vorgehen möchtest.
Benenne alle Teile wie im Beispiel (Aufg. 4 a).

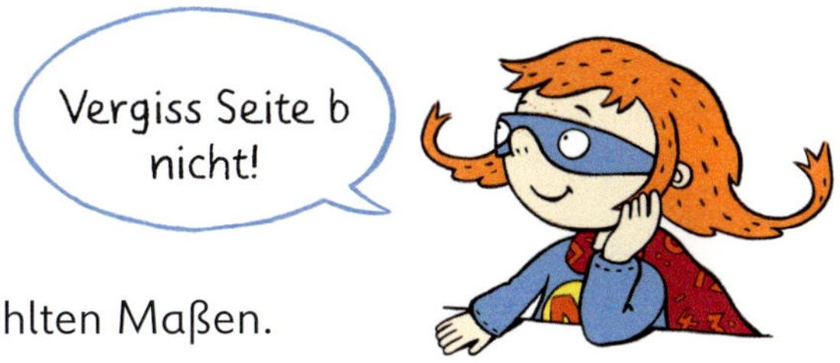

Vergiss Seite b nicht!

c) Zeichne Quadrate und Rechtecke mit selbst gewählten Maßen.

⑤ Benenne Vierecke immer so, wie du es in Aufgabe 4 gelernt hast.

a) Zeichne ein Quadrat mit a = 4,5 cm und ein Quadrat mit doppelter Seitenlänge.
Vergleiche die beiden Flächen. Was fällt dir auf?

b) Zeichne Rechtecke, b soll 6,8 cm lang sein, a und b sollen sich um 3 cm unterscheiden.

⑥ Übertrage die Muster in gleicher Größe auf unliniertes Papier.

4–5 mit dem Geodreieck Quadrate und Rechtecke zeichnen; korrekte Benennungen einüben;
6 Muster übertragen
E ▸ 40 AH ▸ 41 A ▸ 40

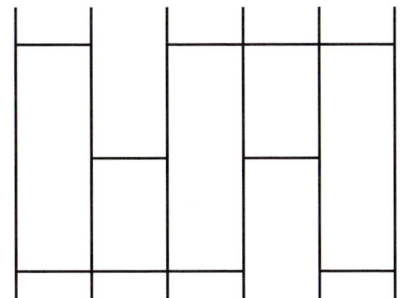

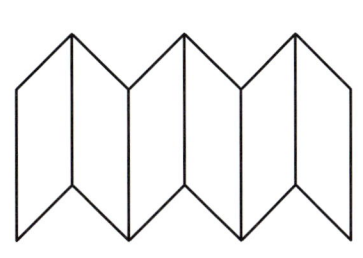

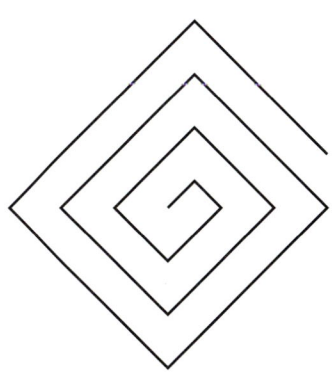

Parkettierungen

① Schaut euch die Beispiele für Parkettierungen an. Überlegt, wo die Bilder entstanden sein können.

•☐• Zeichnet Skizzen zu den Bildern auf Karopapier. Setzt die Muster fort.

② Versucht gemeinsam die Beispiele zu beschreiben. Notiert auch, was auf alle Beispiele zutrifft.
•☐• Der Wortspeicher hilft.

| Rechtecke | Quadrate | Grundformen | Sechsecke | aneinander |

| lückenlos | eine oder mehrere Formen | nicht überlappend | ausgelegt mit … |

③ Zeichnet Skizzen zu weiteren Parkettierungen, die ihr aus dem Alltag kennt.
•☐•

1 überlegen, wo vergleichbare Parkettierungen vorkommen;
2 Beispiele beschreiben, Wortspeicher nutzen; 3 Parkettierungen skizzieren

E ▶ 41   AH ▶ 42   A ▶ 41

Eine Fläche parkettieren bedeutet, sie mit Figuren lückenlos und ohne Überlappung vollständig ausfüllen.

Erprobe zuerst meine Ideen.

④ Übertrage die Muster in dein Heft und setze sie fort. Benutze dein Geodreieck.

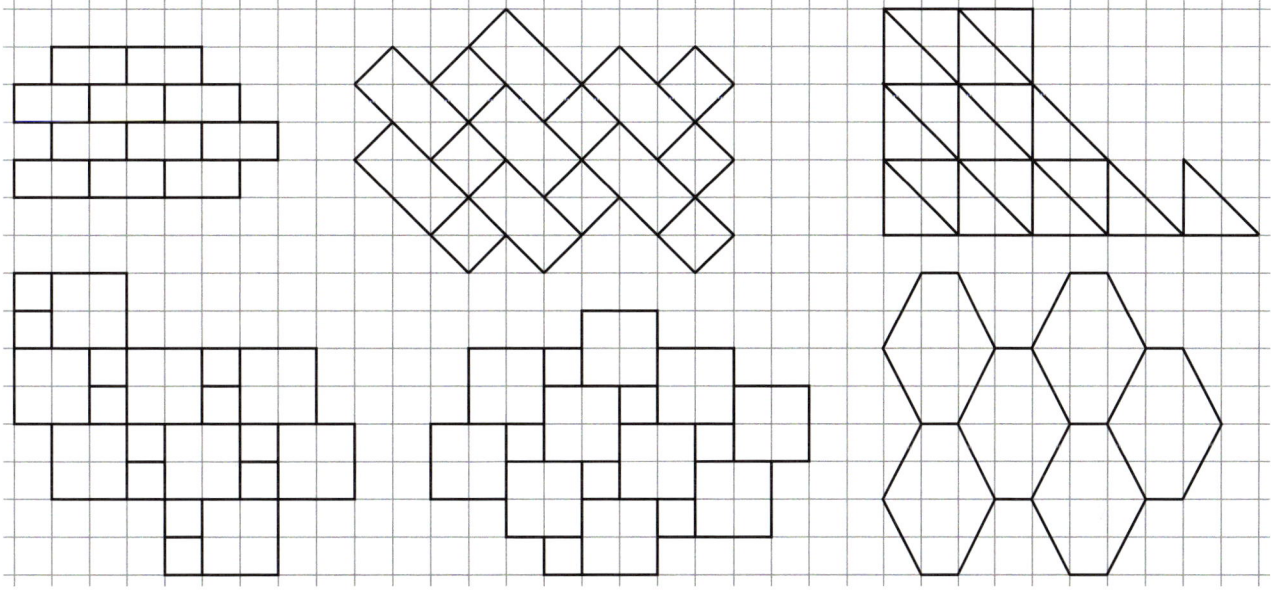

⑤ Zeichne Entwürfe für Parkettierungen. Benutze:

a)    b)   c)

⑥ Du sollst zum Parkettieren einer Fläche nur eine Form benutzen. Mit welchen der nachstehenden Formen ist das möglich? Zeichne Skizzen und beschreibe deine Überlegungen.

 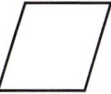

⑦ Stelle Schablonen zum Parkettieren her, indem du eine Grundform veränderst.

1. abschneiden oder abreißen

2. verschieben, an der gegenüberliegenden Seite ansetzen

3. … und dasselbe noch einmal

Kann das passen?

4 Muster auf Karopapier übertragen;
5–6 mit vorgegebenen Grundformen Parkettierungen auf Karopapier entwerfen;
6 Grundformen auf Eignung zum Parkettieren prüfen; 7 Schablonen zum Parkettieren herstellen
E ▸ 41   AH ▸ 42   A ▸ 41

89

Kreis und Zirkel

Kreise mit dem Zirkel zeichnen ist ganz einfach.

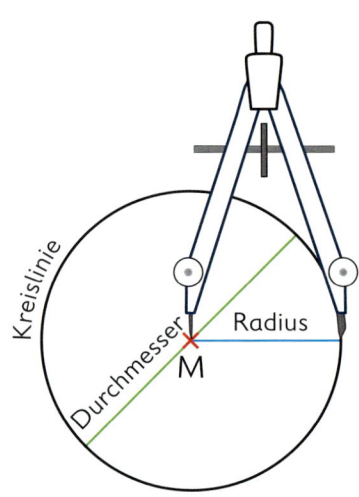

× Mittelpunkt (M)
r Radius
d Durchmesser

1. Stelle den Radius ein.

2. Lege den Mittelpunkt fest.

3. Zeichne die Kreislinie.

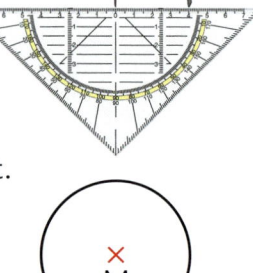

Der Durchmesser ist doppelt so groß wie der Radius.

Der Abstand vom Mittelpunkt zu jedem beliebigen Punkt der Kreislinie heißt **Radius**.

Jede Gerade, die zwei Punkte der Kreislinie verbindet und durch den Mittelpunkt verläuft, heißt **Durchmesser**.

① Zeichne Kreise

– mit dem Radius:

$r = 3\,cm$ $\quad$ $r = 2{,}5\,cm$ $\quad$ $r = 4{,}5\,cm$ $\quad$ $r = 5\,cm$

– mit dem Durchmesser:

$d = 5\,cm$ $\quad$ $d = 7\,cm$ $\quad$ $d = 9\,cm$ $\quad$ $d = 10\,cm$

② Zeichne um denselben Mittelpunkt drei Kreise, deren Radien sich um 1 cm unterscheiden. Der Radius des größten Kreises soll 6,2 cm betragen.

③

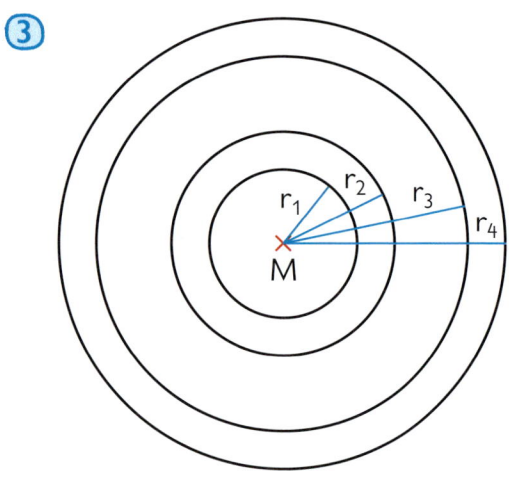

a) Zeichne diese Figur in dein Heft.

b) Wie groß sind die Radien?

c) Siehst du das Muster? Beschreibe.

d) Zeichne den passenden fünften Kreis. Wie groß ist sein Radius?

e) Wie groß wäre der Durchmesser eines passenden sechsten Kreises?

1 Benennungen am Kreis kennen lernen und einüben, Kreise zeichnen;
2 konzentrische Kreise zeichnen; 3 Radien bestimmen, Muster fortsetzen

E ▶ 42 AH ▶ 43 A ▶ 42

④ Zeichne die Muster jeweils über eine ganze Zeile. Markiere alle Mittelpunkte, die du benutzt.

A

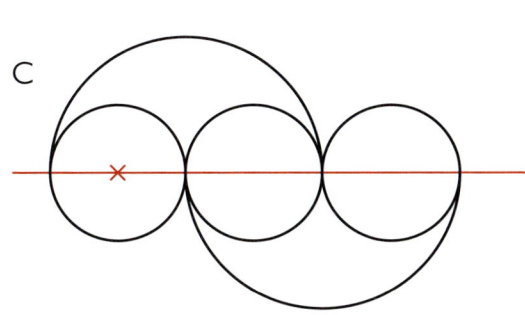

B

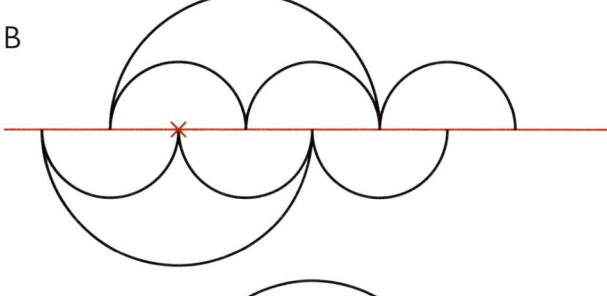

C

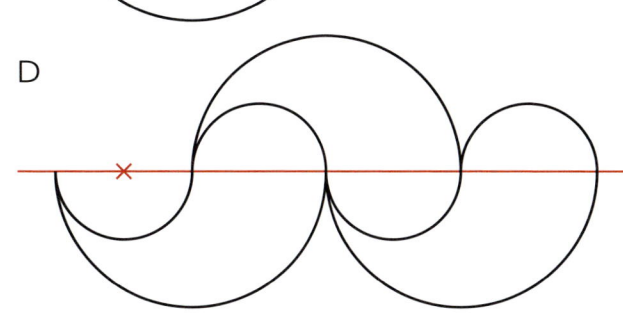

D

⑤ Halbkreise und Viertelkreise

a) Zeichne die Muster in dein Heft. Markiere jeweils die Mittelpunkte.
b) Erfinde und zeichne eigene Muster mit Halbkreisen und Viertelkreisen.

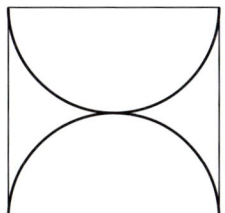  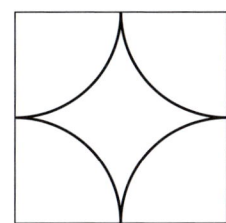 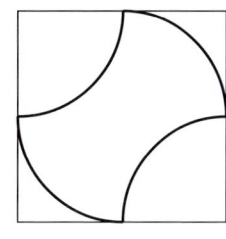 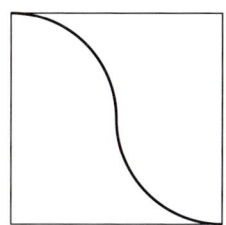

⑥ Zeichne die Muster aus gleich großen Kreisen nach. Achte auf die eingezeichneten Mittelpunkte und die roten Hilfslinien.

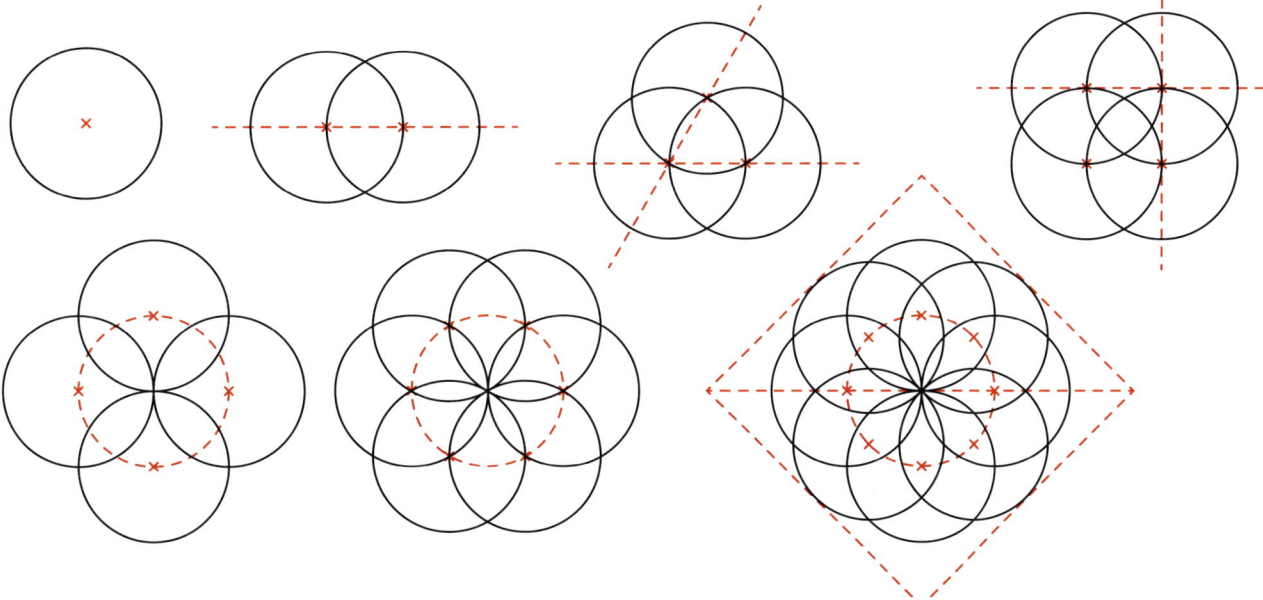

4–5 Muster nachzeichnen und fortsetzen, benutzte Kreismittelpunkte markieren;
6 Muster aus gleichgroßen Kreisen nachzeichnen, gegebene Hilfen nutzen

E▶42 AH▶43 A▶42

Symmetrie

① Übertrage nur die achsensymmetrischen Figuren in dein Heft. Zeichne jeweils alle Symmetrieachsen ein.

> **Achsensymmetrisch** sind Figuren, die mindestens eine Symmetrie- oder Spiegelachse besitzen. Die Teilfiguren sind an der Achse gespiegelt oder geklappt.

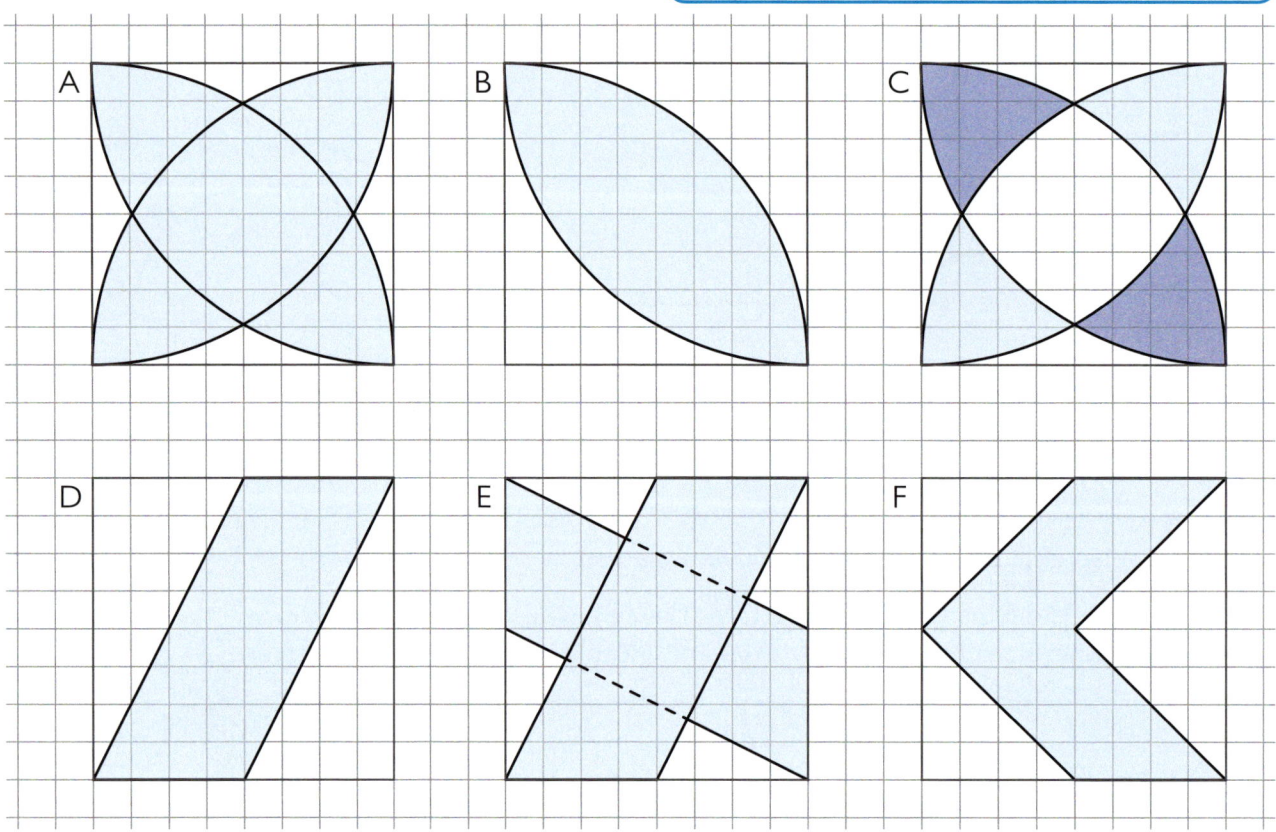

② Vom Windrad kannst du lernen, was man unter Drehsymmetrie versteht.

Färbe ein Quadrat wie im Beispiel. Drehe es im Uhrzeigersinn um M.

> **Drehsymmetrisch** sind Figuren, die nach einer Teildrehung den gleichen Platz einnehmen wie vor der Drehung.

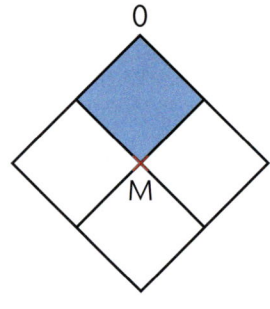

Start

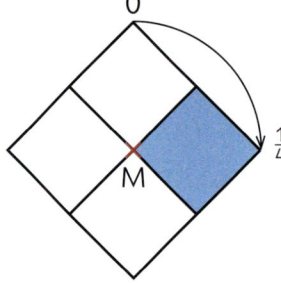

nach einer Vierteldrehung

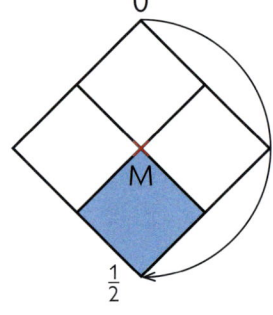

nach einer halben Drehung

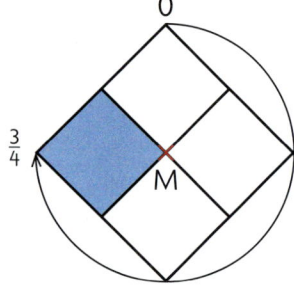

nach einer Dreivierteldrehung

1 herausfinden, welche Figuren achsensymmetrisch sind und sie mit allen Symmetrieachsen nachzeichnen;
2 Begriffsklärung: Drehung, Drehsymmetrie

E▶43 AH▶44 A▶43

③ Welche Drehungen hat Super M ausgeführt?

a) Stelle aus einem quadratischen Zettel durch Falten und Schneiden ein Windrad her.

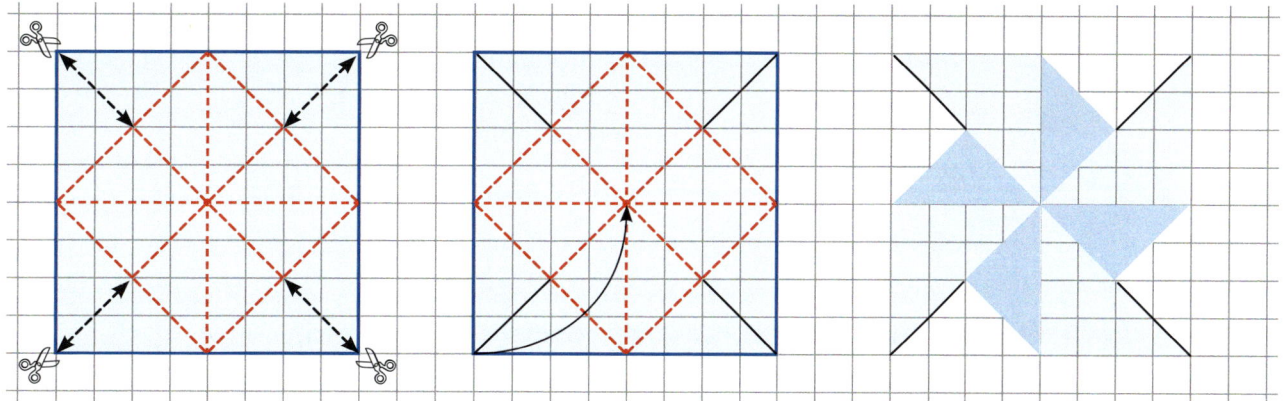

b) Umfahre es mit Bleistift in deinem Heft. Dies hilft, die Lagen zu vergleichen.

c) Drehe um M. Welche Drehungen sind möglich, so dass das Bild unverändert erscheint?

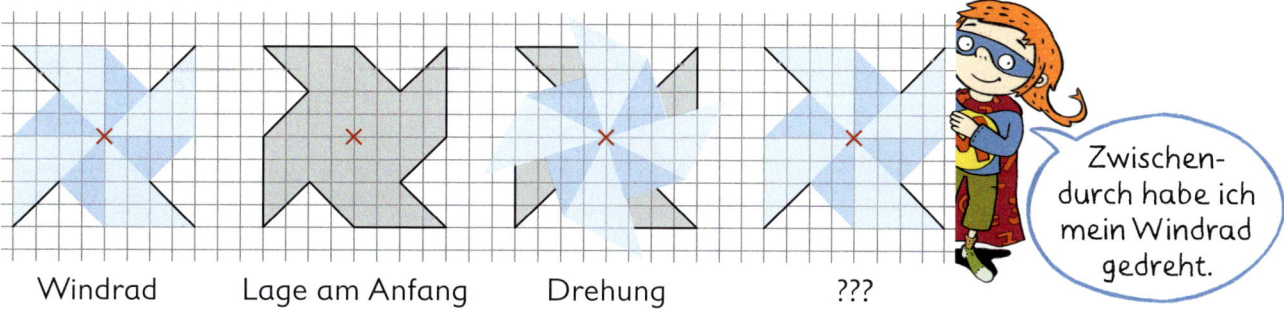

Windrad   Lage am Anfang   Drehung   ???

Zwischendurch habe ich mein Windrad gedreht.

---

④ Welche Figuren sind drehsymmetrisch?
Zeichne zwei von ihnen in dein Heft und erfinde eigene drehsymmetrische Figuren.

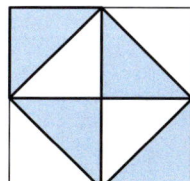 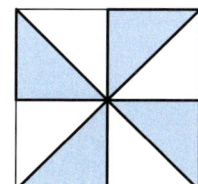  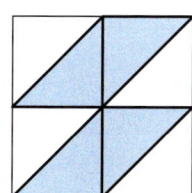

---

⑤ a) Welche Figuren sind drehsymmetrisch?

b) Welche Figuren sind achsensymmetrisch?

c) Welche Figuren sind achsensymmetrisch und drehsymmetrisch? Zeichne sie in dein Heft.
Die roten Hilfslinie helfen dir, die nötigen Kreismittelpunkte zu finden.

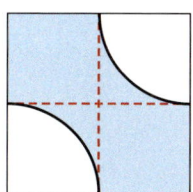 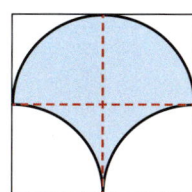 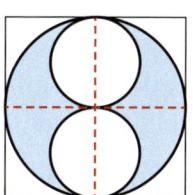 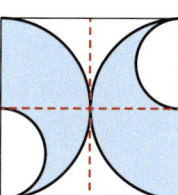

3 ein Windrad herstellen, Ausgangslage aufzeichnen, Drehungen durchführen, Windrad
auf Drehsymmetrie prüfen; **4** zwei drehsymmetrische Figuren zeichnen, eigene erfinden;
5 vorliegende Symmetrie beurteilen

E▶43 AH▶44 A▶43

93

Das kann ich schon

Daten, Häufigkeit und Wahrscheinlichkeit/Kombinatorik

①

a) Welche Ergebnisse treten beim Angeln auf?
   – sicher
   – unmöglich
   – möglich
   – wahrscheinlich

Notiere jeweils ein passendes Beispiel.

b) Wie oft musst du angeln, um sicher einen roten Fisch zu fangen?

② Bilde vierstellige Zahlen.

a) Zeichne ein Baumdiagramm für alle Zahlen > 8 000, die möglich sind.

b) Schreibe alle Zahlen auf, die < 2 000 sind.

c) Wie viele verschiedene vierstellige Zahlen kannst du insgesamt bilden?

Rechter Winkel/Parallelen

③ a) Zeichne die Vierecke in dein Heft. Kennzeichne alle rechten Winkel durch .

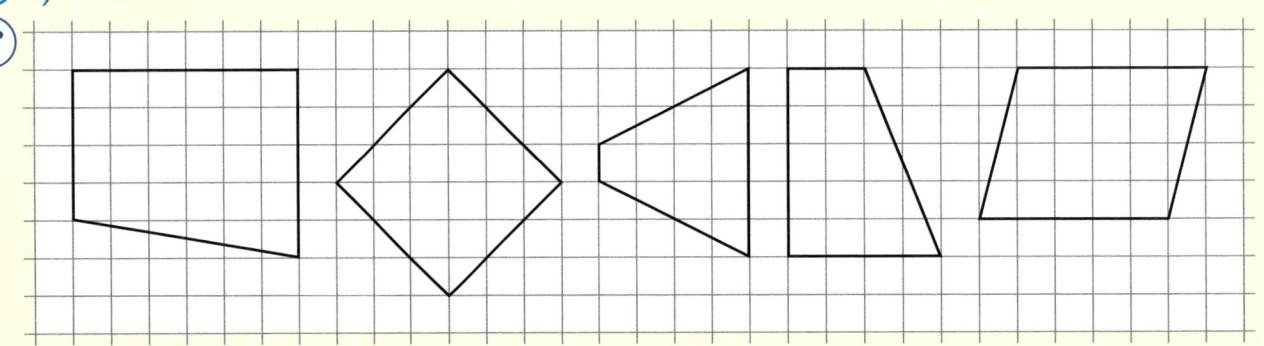

b) Wie viele rechte Winkel kann ein Viereck haben?

④ a) Zeichne auf unliniertem Papier eine Strecke a mit den Endpunkten A und B. Sie soll genau 6 cm lang sein.

b) Zeichne durch A und B Geraden, die mit a rechte Winkel bilden.

c) Was weißt du über den Verlauf dieser beiden Geraden?

⑤ Zeichne auf unliniertem Papier vier parallel verlaufende Geraden. Die Abstände sollen 1,5 cm, 2 cm und 3 cm betragen.

94

1 Beispiele für die Ereignisse notieren;
2 vierstellige Zahlen nach Vorgabe bilden; 3 Vierecke zeichnen, rechte Winkel kennzeichnen;
4 nach Anweisungen zeichnen, Eigenschaft der Geraden benennen; 5 Parallelen zeichnen

E ▶ 44   A ▶ 44

Parkettierungen

6 **a)** Eine Grundform, viele Möglichkeiten.

Zeichne die Beispiele in dein Heft. Setze die Parkettierungen fort.

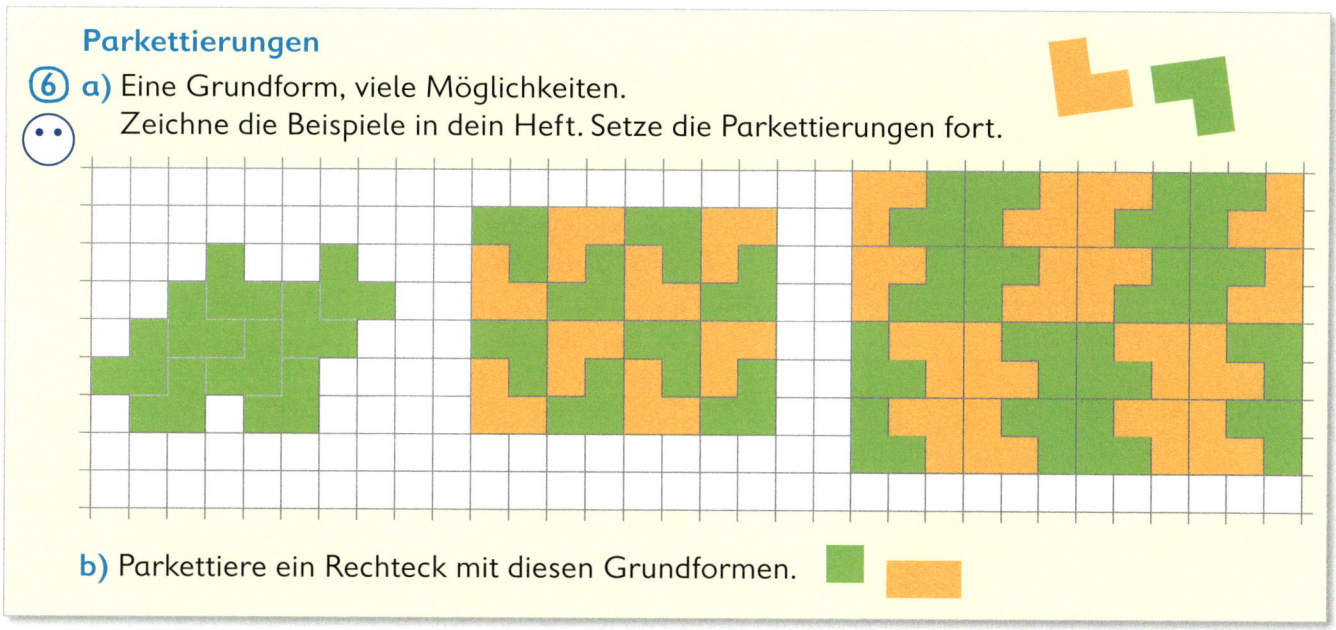

b) Parkettiere ein Rechteck mit diesen Grundformen.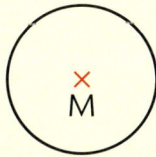

Kreis und Zirkel

7 **a)** Bestimme den Durchmesser des Kreises.

b) Zeichne einen Kreis mit doppelt so großem Radius in dein Heft.

8 Zeichne einen Kreis mit r = 4 cm und darin einen Durchmesser. Zeichne um denselben Mittelpunkt einen Kreis mit r = 2 cm. Nutze die Schnittpunkte des Durchmessers mit dem kleineren Kreis als Mittelpunkte für zwei weitere Kreise mit r = 2 cm.

Symmetrie

9 Welche Figuren sind achsensymmetrisch, welche sind drehsymmetrisch; welche sind achsen- und drehsymmetrisch zugleich?

10 Wie groß war die Drehung?

Zeichne jeweils zuerst die farbige Figur, dann die gedrehte Figur. Wenn du entsprechende Punkte durch den Teil eines Kreises verbindest, kannst du „ablesen", welche Drehung erfolgte.

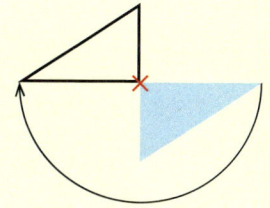 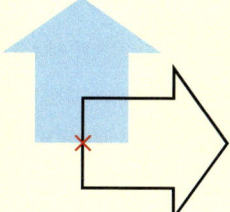 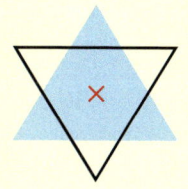 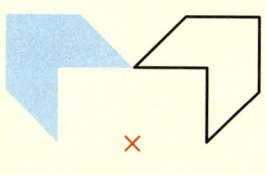

6 Parkettierungen nachzeichnen und eigene Parkettierung entwickeln;
7 Durchmesser bestimmen, Kreis zeichnen; 8 nach Anweisung zeichnen;
9 Figuren nach Symmetrieeigenschaften ordnen; 10 Figuren zeichnen, Maß der Drehung bestimmen

E ▶ 44   A ▶ 44

Division mit Stufenzahlen

① Schaut euch die Beispiele genau an.
▪□▪ Ordnet die Texte den Beispielen zu.

1

								H	Z	E
		2	4	:	4	=				6
	2	4	0	:	4	=			6	0
2	4	0	0	:	4	=	6	0	0	

2

									H	Z	E
2	4	0	0	:	4	0	0	=			6
2	4	0	0	:		4	0	=		6	0
2	4	0	0	:			4	=	6	0	0

3

									H	Z	E
	2	4	:			4	=				6
2	4	0	:		4	0	=				6
2	4	0	0	:	4	0	0	=			6

Dividend : Divisor = Quotient
300   :   60   =   5

A Wenn der **Dividend** 10-mal so groß wird und der **Divisor** gleich bleibt, wird der **Quotient** 10-mal so groß.

B Wenn der **Dividend** gleich bleibt und der **Divisor** eine Stelle abnimmt, wird der **Quotient** 10-mal so groß.

C Wenn sich **Dividend** und **Divisor** in derselben Weise verändern, bleibt der **Quotient** gleich.

Einer
Zehner
Hunderter
Ich rechne immer:
24 : 4

② Super einfach, wie Beispiel 1.

a)	b)	c)	d)	e)
36 : 4	54 : 6	45 : 9	___ : 8	___ : 7
360 : 4	540 : 6	450 : 9	___ : 8	___ : 7
3 600 : 4	5 400 : 6	____ : 9	5 600 : 8	5 600 : 7
____ : __	____ : __	____ : __	____ : 8	____ : 7
____ : __	____ : __	____ : __	____ : 8	____ : 7

③ Rechne. Zu welchem Beispiel gehören diese Aufgaben?

a)	b)	c)	d)
5 400 : 9	2 700 : 3	35 000 : 50	48 000 : 800
5 400 : 90	2 700 : 30	35 000 : 5	48 000 : 8
5 400 : 900	2 700 : 300	35 000 : 500	48 000 : 80

④ Bestimme selbst die Reihenfolge, in der du die Aufgaben rechnest.

a)	b)	c)	d)
2 400 : 80	4 500 : 50	280 000 : 7 000	810 : 9
2 400 : 8	450 : 50	280 : 70	81 000 : 9
240 : 8	4 500 : 5	28 000 : 700	81 000 : 900
24 000 : 800	450 000 : 500	2 800 : 700	810 000 : 9 000
240 000 : 8 000	45 000 : 50	28 000 : 7 000	81 000 : 90

1 Beispiele den Texten zuordnen; 2 Super-Päckchen lösen und fortsetzen;
3 Aufgaben dem passenden Beispiel aus Aufgabe 1 zuordnen und lösen;
4 Reihenfolge für die Lösung der Aufgaben bewusst treffen

E ▶ 45   AH ▶ 45   A ▶ 45

1 Schau genau hin, dann kannst du diese Aufgaben im Kopf lösen. Befolge den Tipp von Jan.

624 = 600 + 24
Ich teile beide Zahlen durch 6 und weiß das Ergebnis sofort: 104!

624 : 6	432 : 4	627 : 3
6 024 : 6	4 032 : 4	60 027 : 3
1 672 : 8	2 772 : 9	3 459 : 7
16 072 : 4	27 072 : 3	360 072 : 4

2 Wenn die Zahlen größer oder die Zerlegungen schwieriger werden, musst du nicht alles im Kopf behalten.
Rechne dann halbschriftlich: Notiere, was dir hilft, die Aufgaben sicher richtig zu lösen.

Halbschriftlich Rechnen: so viel aufschreiben wie nötig

Zerlegungen

Teilaufgaben

Rechenschritte

Zwischenergebnisse

Entscheide für jede Aufgabe, ob du im Kopf oder halbschriftlich rechnest.

a) 7 200 : 6	b) 1 240 : 4	c) 3 535 : 7	d) 3 520 : 8	e) 6 420 : 3
4 560 : 6	2 360 : 4	3 850 : 7	6 800 : 8	6 426 : 2
4 860 : 6	6 440 : 4	4 963 : 7	3 680 : 8	4 572 : 9

310 440 460 505 508 550 590 595 709 760 810 850 1 200 1 610 2 140 3 213

f) 18 027 : 3	g) 32 320 : 8	h) 64 200 : 6	i) 95 400 : 9	j) 19 802 : 2
38 500 : 7	45 550 : 5	12 120 : 2	66 000 : 5	42 728 : 7
39 600 : 6	49 735 : 7	43 620 : 4	84 000 : 3	84 560 : 8

4 040 4 065 5 500 6 009 6 060 6 104 6 600 7 105 9 110 9 901 10 570 10 600 10 700 10 905 13 200 28 000

3 Rechne geschickt. Ergänze jeweils eine Aufgabe nach demselben Muster.

a) 33 760 : 2	b) 76 800 : 8	c) 3 840 : 6	d) 12 684 : 4	e) _____ : __
16 880 : 2	38 400 : 8	1 920 : 6	6 342 : 4	_____ : __

4 Erst die Muster verstehen, dann rechnen. Ergänze wieder jeweils eine Aufgabe nach demselben Muster.

a) 84 372 : 6	b) 92 608 : 8	c) 74 856 : 4	d) 63 456 : 8	e) _____ : __
42 186 : 3	46 304 : 4	37 428 : 2	31 728 : 4	_____ : __

f) 84 372 : 3	g) 92 608 : 4	h) 74 856 : 2	i) 63 456 : 4	j) _____ : __
42 186 : 6	46 304 : 8	37 428 : 4	31 728 : 8	_____ : __

1 Dividend zerlegen, Aufgaben im Kopf lösen;
2 halbschriftlich rechnen, individuelle Notizen nutzen;
3 Muster erkennen, eigene Beispiele finden; **4** Muster analysieren und lösungswirksam nutzen

97

E▶45 AH▶45 A▶45

Schriftlich dividieren

$$7\,434 : 6$$

Das Ergebnis muss größer als 1000 sein.

In drei Schritten zur sicher richtigen Lösung:
Überschlag – So viele Stellen hat das Ergebnis.
Rechnung   – jede Stelle extra
Probe   – Umkehraufgabe

Ü: 6 0 0 0 : 6 = 1 0 0 0

	T	H	Z	E				T	H	Z	E
7	4	3	4	:	6	=	1	2	3	9	

7	4	3	4	: 6 = 1 2 3 9

    7 4 3 4 : 6 = 1 2 3 9   7 T : 6
    6   1 T · 6 = 6 T
    1 4   Rest 1 T, dazu 4 H   1 4 H : 6
    1 2   2 H · 6 = 1 2 H
      2 3   Rest 2 H, dazu 3 Z   2 3 Z : 6
      1 8   3 Z · 6 = 1 8 Z
        5 4   Rest 5 Z, dazu 4 E   5 4 E : 6
        5 4   9 E · 6 = 5 4 E
          0   Rest 0 E

P: 1 2 3 9 · 6
      7 4 3 4

① Erkläre, wie Marlene vorgeht.

Ich sehe sofort, dass hier alle Ergebnisse vier Stellen haben.

② Dividiere schriftlich wie Marlene.

a) 8 835 : 3	b) 7 656 : 4	c) 3 736 : 2	d) 8 124 : 6	e) 8 672 : 4
9 712 : 8	8 386 : 7	7 903 : 7	6 495 : 3	8 364 : 3
7 458 : 6	7 308 : 3	6 807 : 3	7 665 : 5	9 265 : 5
6 740 : 5	8 034 : 6	9 702 : 6	5 964 : 4	9 552 : 8

| 1 129 | 1 194 | 1 198 | 1 214 | 1 243 | 1 339 | 1 348 | 1 354 | 1 491 | 1 533 | 1 598 |
| 1 617 | 1 853 | 1 868 | 1 914 | 2 165 | 2 168 | 2 269 | 2 436 | 2 788 | 2 945 |

③ In jedem Päckchen kann nur eine Lösung richtig sein. Finde heraus, welche es ist.
Begründe jeweils, warum die anderen „Lösungen" falsch sein müssen.

S. 98, Nr. 3 a)

7 6 9 2 : 6 =   1 2 8 f   Die Endziffer kann nicht 8 sein.
7 6 9 2 : 6 =   1 2 8 2 ✓
7 6 9 2 : 6 = 1 2 2 8 2 f   Das Ergebnis muss 4 Stellen haben.

b) 8 964 : 9 = 1 069   c) 5 325 : 5 = 1 065
   8 964 : 9 =   96   5 325 : 5 =   165
   8 964 : 9 =   996   5 325 : 5 = 1 650

d) 7 653 : 3 = 2 051   e) 6 594 : 7 = 9 420
   7 653 : 3 =   251   6 594 : 7 =   942
   7 653 : 3 = 2 551   6 594 : 7 =   904

1 Einführung des Verfahrens der schriftlichen Division, Rechenschritte erarbeiten;
2 Verfahren nutzen; 3 Lösungen prüfen
E ▶ 46 AH ▶ 46 A ▶ 46

Den Umgang mit Resten kennst du schon.

Das Ergebnis muss kleiner sein, und sicher bleibt ein Rest.

Denke bei der Probe an den Rest!

LENA

```
Ü:   5 0 0 0 : 5 = 1 0 0 0

     4 8 3 7 : 5 = 9 6 7 (R 2)
     4 5
       3 3        P:    9 6 7 · 5
       3 0              4 8 3 5
         3 7
         3 5            4 8 3 5 (+ 2) = 4 8 3 7
           2
```

④ Beginne mit dem Überschlag. Dividiere schriftlich, notiere Reste wie gewohnt und berücksichtige sie bei der Probe.

a) 1331 : 3   b) 2676 : 5   c) 1609 : 4   d) 4216 : 6   e) 3218 : 8

2791 : 3   3107 : 5   2817 : 4   2464 : 6   5634 : 8

2962 : 3   4898 : 5   3623 : 4   5403 : 6   7246 : 8

⑤ Damit die Lösung sicher richtig wird: Überschlag – Rechnung – Probe.

a) 2432 : 3   b) 1376 : 2   c) 7259 : 5   d) 8250 : 6   e) 5841 : 7

2432 : 4   1376 : 3   7259 : 6   8250 : 7   5841 : 8

2432 : 5   1376 : 4   7259 : 7   8250 : 8   5841 : 9

⑥ Mal ohne, mal mit Rest. Dividiere schriftlich.

a) 7654 : 8   b) 1734 : 2   c) 3632 : 4   d) 3954 : 4   e) 6763 : 7

5016 : 7   2072 : 3   3632 : 6   4956 : 7   5864 : 6

8194 : 9   3164 : 5   3636 : 8   5958 : 9   4965 : 8

⑦ Warum sind die Ergebnisse sicher falsch? Berichtige alle Aufgaben.

a) 2525 : 5 = 55   d) 6328 : 8 = 892

b) 4655 : 6 = 776   e) 5406 : 6 = 9001

c) 9003 : 3 = 303   f) 4032 : 4 = 108

Das Ergebnis muss > 1000 sein, weil …

Hier bleibt ein Rest, weil …

Das Ergebnis muss genau ___ Stellen haben, weil …

⑧ Schreibe und rechne zuerst alle Aufgaben, die du im Kopf lösen kannst. Löse die restlichen Aufgaben durch schriftliche Division.

a) 600 : 2   b) 1820 : 2   c) 2430 : 2   d) 3222 : 2   e) 4042 : 2

600 : 3   1830 : 3   2445 : 3   3333 : 3   6063 : 3

600 : 4   1840 : 4   2460 : 4   3444 : 4   8084 : 4

600 : 5   1850 : 5   2475 : 5   3555 : 5   10105 : 5

600 : 6   1860 : 6   2490 : 6   3666 : 6   12126 : 6

4–6 Umgang mit Resten wiederholen, schriftlich dividieren, Überschlag und Probe durchführen;
7 Fehlerhafte Lösungen erkennen, Begründung notieren; 8 möglichst viele Aufgaben im Kopf lösen

E▶46   AH▶46   A▶46

99

Schriftlich dividieren üben

① Ordnet die Überschriften den Beispielen zu. Besprecht, worauf ihr achten müsst.

A Die letzte Ziffer ist eine Null und vorher entsteht kein Rest.

B Die erste Stelle lässt sich nicht teilen.

C Das Ergebnis einer Teilaufgabe ist Null.

D Im Dividend kommt eine Null vor.

a)
```
2 6 1 8 : 7 = 3 7 4
2 1
  5 1
  4 9
    2 8
    2 8
      0
```
Teile die beiden ersten Stellen.

Mit dem Verfahren schaffst du alle Aufgaben problemlos.

b)
```
7 2 8 0 : 8 = 9 1 0
7 2
  0 8
    8
    0 0
      0
      0
```
Vergiss die Null am Ende nicht.

c)
```
8 2 5 6 : 4 = 2 0 6 4
8
0 2
  0
  2 5
  2 4
    1 6
    1 6
      0
```
$2 : 4 = 0$ Rest 2 Trage die Null als Ergebnis ein.

d)
```
6 0 4 8 : 4 = 1 5 1 2
4
2 0
2 0
  0 4
    4
    0 8
      8
      0
```
Einfach weiter rechnen.

② Dividiere schriftlich. Zu welchen Beispielen passen die Übungsaufgaben?

a)	b)	c)	d)	e)
6 104 : 8	6 034 : 7	8 368 : 8	6 230 : 7	7 236 : 6
6 503 : 7	7 064 : 8	6 186 : 3	3 840 : 6	6 545 : 5
2 607 : 3	6 804 : 9	8 292 : 4	5 280 : 8	8 196 : 4
4 065 : 5	3 108 : 4	7 518 : 7	4 850 : 5	9 664 : 8

640　660　756　763　777　813　862　869　883　890　929　963　970　1046　1074　1206　1208　1309　2049　2062　2073

③ Berechne das genaue Ergebnis durch schriftliche Division.

a)	b)	c)	d)	e)
4 944 : 6	7 656 : 8	3 468 : 4	2 124 : 6	5 688 : 9
3 795 : 5	8 586 : 9	6 188 : 7	3 792 : 4	1 975 : 5
2 928 : 3	4 365 : 5	5 784 : 6	4 382 : 7	7 152 : 8
6 344 : 8	3 465 : 7	4 374 : 9	3 784 : 8	6 286 : 7

354　395　473　486　495　583　626　632　759　793　824　867　873　884　894　898　948　954　957　964　976

1 Überschriften den Beispielen zuordnen;
2 schriftlich dividieren, Übungsaufgaben auf die Beispiele von Aufgabe 1 beziehen;　3 schriftlich dividieren

E▶47　AH▶47　A▶47

Beim Dividieren durch zweistellige Zahlen gelten dieselben Regeln, wie beim Dividieren durch einstellige Zahlen.

Das Ergebnis muss größer als 1 000 sein.

Mach's wie ich. Schreibe dir die passende Reihe auf.

```
1 7 1 8 4 : 1 2

Ü:    1 2 0 0 0 : 1 2 = 1 0 0 0

1 7 1 8 4 : 1 2 = 1 4 3 2
1 2
  5 1
  4 8          P:    1 4 3 2 · 1 2
    3 8                1 4 3 2
    3 6                2 8 6 4
      2 4              1 7 1 8 4
      2 4
        0
```

```
12
24
36
48
60
```

Durch Zehnerzahlen dividieren kannst du längst.

④ Dividiere schriftlich wie Nele und Ali.

a) 3 924 : 12
   7 560 : 12
   8 088 : 12

b) 8 490 : 15
   7 395 : 15
   9 105 : 15

c) 4 280 : 20
   8 760 : 20
   9 040 : 20

d) 6 450 : 50
   7 200 : 50
   9 750 : 50

e) 3 275 : 25
   6 050 : 25
   8 975 : 25

⑤ Mit dem Divisionsverfahren kannst du auch Kommazahlen dividieren.
   Rechne mit Überschlag und Probe.

Wenn ich das Komma überschreite, setze ich im Ergebnis das Komma.

```
9 7 2 8, 4 0 € : 5

Ü:    1 0 0 0 0 € : 5 = 2 0 0 0 €

    Euro   Cent         Euro   Cent
9 7 2 8,   4 0  : 5 = 1 9 4 5,  6 8
5
4 7
4 5
  2 2
  2 0
    2 8
    2 5          P:  1 9 4 5, 6 8 € · 5
      3 4                9 7 2 8, 4 0 €
      3 0
        4 0
        4 0
          0
```

a) 1 296,45 € : 5
   4 876,48 € : 4
   2 716,16 € : 8

b) 1 504,20 € : 4
   3 661,98 € : 7
   6 645,39 € : 3

c) 1 796,40 € : 9
   1 081,92 € : 8
   1 251,30 € : 6

d) 4 678,50 € : 30
   6 409,80 € : 12
   3 299,85 € : 15

Schriftlich dividieren üben

① **Im Kopf oder schriftlich?**
Schreibe und rechne zuerst alle Aufgaben, die du im Kopf lösen kannst.
Löse die restlichen Aufgaben mit Hilfe des schriftlichen Verfahrens.

a) 2424 : 2   b) 3535 : 5   c) 9342 : 9   d) 4836 : 4   e) 3505 : 7

f) 1960 : 20   g) 6550 : 50   h) 7590 : 15   i) 5250 : 25   j) 4950 : 11

② Rechne alle Aufgaben nach. Wer hat richtig gerechnet?
Erkläre den restlichen Kindern, was genau an ihrer Lösung falsch ist.
Wem hilft welcher Tipp weiter?

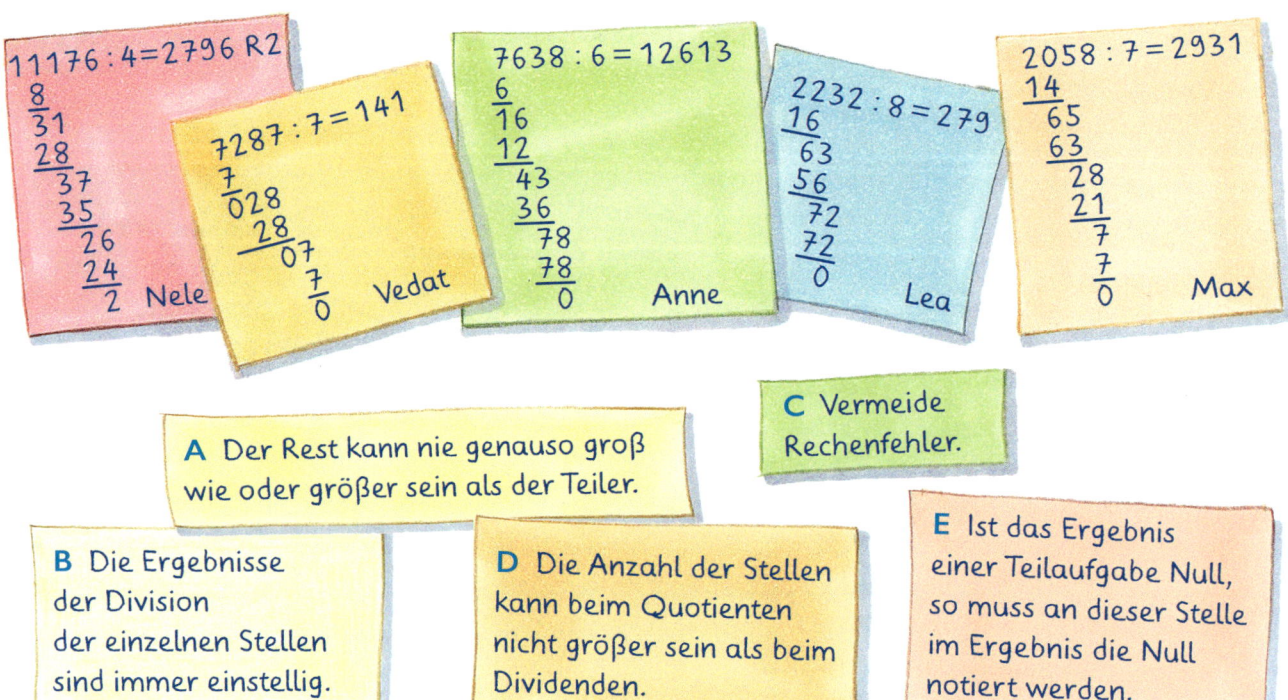

③ Bei welchen Aufgaben siehst du sofort, dass das Ergebnis nicht richtig sein kann?
Notiere eine Begründung.

a) 7413 : 8 = 9027   b) 9079 : 7 = 1297   c) 6463 : 5 = 129   d) 4587 : 2 = 2293

④ Bei welchen Aufgaben bleibt sicher ein Rest?

a) 1765 : 5   b) 8009 : 4   c) 1723 : 2   d) 7273 : 8   e) 9966 : 3

⑤ Vergleiche die Aufgaben.
Finde heraus und beschreibe, wann der Quotient vierstellig und wann er nur dreistellig ist.

a) 6759 : 3   b) 4276 : 7   c) 6208 : 4   d) 8017 : 9   e) 7638 : 6

Schreibe und rechne zwei eigene Beispielaufgaben, eine für ein dreistelliges, eine für ein
vierstelliges Ergebnis.

1 möglichst viele Aufgaben im Kopf lösen;
2 Lösungen prüfen, kommentieren, Tipps zuordnen; 3 Lösungen auf den ersten Blick beurteilen;
4 beurteilen, ob ein Rest bleibt; 5 begründen, wie viele Stellen das Ergebnis haben muss

E ▶ 48   AH ▶ 48   A ▶ 48

① Max und Lena haben die Schülerzahlen aller Klassen ihrer Schule aufgeschrieben.

Schülerzahlen	
Klasse	Anzahl
1 a	24
1 b	22
2 a	28
2 b	26
3 a	24
3 b	26
4 a	23
4 b	21
4 c	22

a) Notiert, was sie aus dieser Liste ablesen können: kleinste Klasse, mehr als, insgesamt …

b) Wie viele Kinder sind **durchschnittlich** in einer Klasse? Folgt dem Hinweis von Lena und berechnet die durchschnittliche Schülerzahl pro Klasse.

c) In welchen Klassen entspricht die Schülerzahl dem errechneten Durchschnitt?

> Dazu müssen wir die Gesamtschülerzahl durch die Anzahl der Klassen dividieren.

> Wie viele Kinder wären es pro Klasse, wenn in jeder Klasse gleich viele Kinder wären?

> Der **Durchschnitt** wird berechnet, indem man die Summe der beobachteten Werte durch die Anzahl der Werte teilt.

② Wie viele Mädchen und wie viele Jungen sind durchschnittlich in den Klassen?

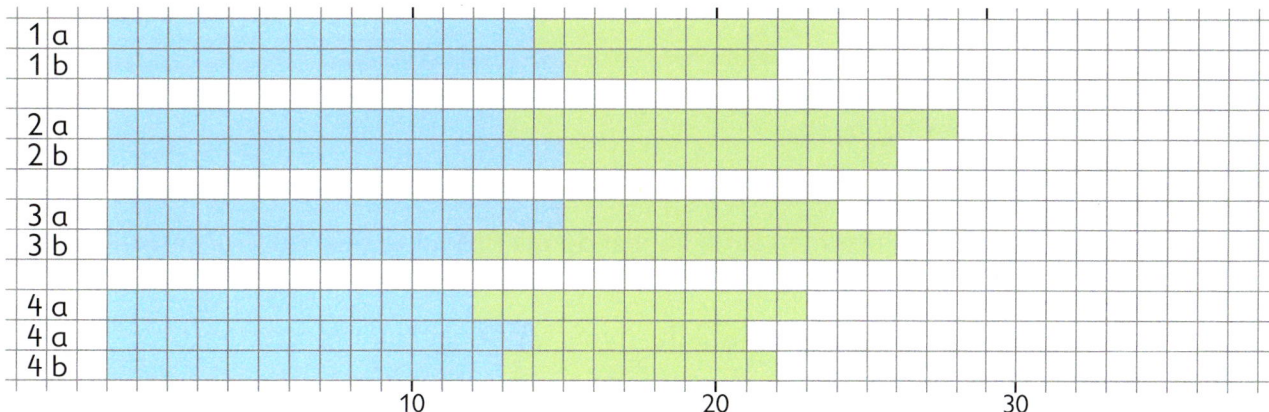

③ Berechne die durchschnittliche Anzahl der Regentage pro Monat und die durchschnittliche Anzahl der täglichen Sonnenstunden für dieses Jahr.

	Jan	Feb	Mär	Apr	Mai	Jun	Juli	Aug	Sep	Okt	Nov	Dez
Regentage	11	9	10	10	11	10	10	10	9	8	11	11
Sonnenstunden	1,3	2,7	3,5	5	6,2	6,3	6,1	6	4,4	3,4	1,7	1,4

④ a) Findet durch eine Umfrage heraus, wie viele Stunden die Kinder eurer Klasse pro Woche Fernsehen schauen. Berechnet den Durchschnitt.

b) Plant Umfragen zu weiteren Themen, die euch interessieren, und berechnet die Durchschnittswerte.

Sporttraining pro Woche	Kinobesuche pro Monat	Anzahl Haustiere	Hausaufgaben pro Woche	Zeit zum Lesen pro Tag	Länge des Schulwegs

1–3 Durchschnittsberechnungen zu verschiedenen Sachkontexten bearbeiten;
4 Umfragen planen, durchführen, auswerten und berechnen

E ▶ 48 AH ▶ 49 A ▶ 48

103

Vielfache und Teiler

① **a)** Übertrage die Zahlentafel in dein Heft.
   – Streiche die 1 durch.
   – Kreise die 2 ein und färbe alle Vielfachen von 2.
   – Verfahre genauso mit der 3 und den nächsten
     nicht markierten Zahlen.

   b) Welches ist die erste Zahl, für die du keine Vielfachen
   mehr einfärben kannst?

   c) Kreise nun alle Zahlen ein, die nicht eingefärbt sind.
   Was fällt dir auf?

   d) Schreibe die eingekreisten Zahlen nach der Größe
   geordnet auf. Es sind besondere Zahlen.
   Durch welche Zahlen kann man sie ohne Rest teilen?
   Notiere deine Vermutung.

   > Zahlen, die genau zwei verschiedene
   > Teiler haben, heißen Primzahlen.

   e) Warum kann die 1 nach dieser Beschreibung keine
   Primzahl sein?

   f) Warum findest du keine Vielfachen von 11 mehr zum Einfärben?
   Notiere deine Überlegungen.

⊠1	②	3	4	5	6
7	8	9	10	11	12
13	14	15	16	17	18
19	20	21	22	23	24
25	26	27	28	29	30
31	32	33	34	35	36
37	38	39	40	41	42
43	44	45	46	47	48
49	50	51	52	53	54
55	56	57	58	59	60
61	62	63	64	65	66
67	68	69	70	71	72
73	74	75	76	77	78
79	80	81	82	83	84
85	86	87	88	89	90
91	92	93	94	95	96
97	98	99	100		

② Alle Zahlen, die keine Primzahlen sind, kannst du als Produkte aus lauter Primzahlen
darstellen. So ist zum Beispiel $480 = 2 \cdot 2 \cdot 2 \cdot 2 \cdot 2 \cdot 3 \cdot 5$.

Du findest das Produkt, indem du die Zahl immer weiter in Faktoren zerlegst.

$$480 = 2 \cdot 240 \qquad\qquad\qquad 480 = 10 \cdot 48$$

$\quad = 2 \cdot 2 \cdot 120$

$\quad = 2 \cdot 2 \cdot 2 \cdot 60 \qquad\qquad\qquad = 2 \cdot 5 \cdot 6 \cdot 8$

$\quad = 2 \cdot 2 \cdot 2 \cdot 2 \cdot 30$

$\quad = 2 \cdot 2 \cdot 2 \cdot 2 \cdot 2 \cdot 15 \qquad\qquad = 2 \cdot 5 \cdot 2 \cdot 3 \cdot 2 \cdot 2 \cdot 2$

$\quad = 2 \cdot 2 \cdot 2 \cdot 2 \cdot 2 \cdot 3 \cdot 5 \qquad\qquad = 2 \cdot 2 \cdot 2 \cdot 2 \cdot 2 \cdot 3 \cdot 5$

a) Zerlege die Zahlen 64, 100, 248, 270 und 1 000 und schreibe sie als Produkte aus lauter
Primzahlen.

b) Du hast nur die Primzahl 5 zur Verfügung.
Notiere die ersten fünf Zahlen, die du bilden kannst. $\quad 5 \cdot 5 = 25 \qquad 5 \cdot 5 \cdot 5 = \underline{\quad\quad}$

c) Welche Zahlen kleiner als 50 kannst du mithilfe der Primzahlen 2 und 3 bilden?
$\quad 4 = 2 \cdot 2$
$\quad 6 = 2 \cdot 3$
$\quad 8 = 2 \cdot 2 \cdot 2$ usw.

d) Suche dir beliebige Zahlen aus und stelle sie als Primzahlprodukte dar.

1 Zahlentafel nach Anleitung bearbeiten, Fragen klären, Primzahlen herausfiltern;
2 Zahlen in Primfaktoren zerlegen, Produkte aus Primzahlen bilden, Zahlen als Primzahlprodukte darstellen

E▶49 AH▶50/51 A▶49

③ a) Notiere die ersten 10 Vielfachen (V) der Zahlen
5, 9, 15 und 45.

Finde jeweils das **kleinste** gemeinsame Vielfache der Zahlen.

S.105, Nr. 3					
V_5:	5,	10,	15,	___	
V_9:	9,	18,	___		

b) 5 und 9   **c)** 5 und 15   **d)** 5 und 45   **e)** 9 und 15   **f)** 9 und 45   **g)** 15 und 45

h) 5, 9 und 15   **i)** 9, 15 und 45   **j)** 5, 9, 15 und 45

④ a) Finde alle Teiler (T) von 18, 20, 36, 60 und 100. Notiere.

Notiere jeweils den **größten** gemeinsamen Teiler der Zahlen.

S.105, Nr. 4	
T_{18}:	1, 2, 3, __, __,

b) 18 und 20   **c)** 18 und 36   **d)** 18 und 60   **e)** 18 und 100   **f)** 20 und 36

g) 20 und 60   **h)** 20 und 100   **i)** 36 und 60   **j)** 36 und 100   **k)** 60 und 100

l) 20, 36, 60 und 100   **m)** 18, 20, 36, 60 und 100

⑤ An einem Donnerstag treffen sich Max, Ali und Lena zufällig im Schwimmbad. Sie unterhalten sich und stellen dabei fest, dass Max jeden Donnerstag schwimmen geht, Lena alle 3 Tage und Ali alle 4 Tage.

Notiere deine Überlegungen:
Nach wie vielen Tagen treffen sich

a) Max und Lena   **b)** Max und Ali

c) Lena und Ali   **d** alle Kinder

wieder im Schwimmbad?

e) Gib zu den Aufgaben a) bis d) auch die Wochentage an.

Eine Tabelle hilft mir. Ich schreibe für jedes Kind auf, wann es wieder im Schwimmbad ist.

BORIS

	Nach ___ Tagen
Max	7, 14, 21,
Ali	
Lena	

⑥ In ein Schwimmbecken passen 480 000 l Wasser.
Es wird durch 2 Rohre gefüllt.
Mit Rohr A allein dauert das Füllen 30 Stunden,
mit Rohr B allein dauert es 60 Stunden.

a) Wie lange dauert es, wenn das Becken gleichzeitig mit beiden Rohren gefüllt wird?

Zeit	Rohr A	Rohr B	beide Rohre
1h	16 000 l	8 000 l	

Ich nutze eine Tabelle.

ALI

⑦ In ein anderes Schwimmbecken passen 360 000 l Wasser. Durch Rohr 1 wird es in 30 Stunden mit Wasser gefüllt, durch Rohr 2 in 60 Stunden.

Vermute zuerst, in welcher Zeit dieses Becken gefüllt wird, wenn das Wasser aus beiden Rohren gleichzeitig einläuft.
Überprüfe deine Vermutung. Was fällt dir auf? Notiere.

3 Vielfache, gemeinsame Vielfache, das kleinste gemeinsame Vielfache;
4 Teiler, gemeinsame Teiler, der größte gemeinsame Teiler;
5–7 Sachaufgaben mit Hilfe der Erfahrungen und Einsichten aus den Aufgaben 3 und 4 lösen

E▶49 AH▶50/51 A▶49

105

Teilbarkeit

Zahlen, die durch 2, 5 oder 10 teilbar sind, erkenne ich sofort an der letzten Ziffer.

18 090	9 632	584
506 825	724	20 005
279	1002	4 311	15 471

Ich habe eine Idee, woran man sehen kann, ob eine Zahl durch 3 oder durch 9 teilbar ist.

Gibt es auch eine Regel für Zahlen, die durch 4 teilbar sind?

① Sieh dir die Zahlen an der Tafel genau an und notiere alle Zahlen, die
  a) durch 2 teilbar sind.
  b) durch 5 teilbar sind.
  c) durch 10 teilbar sind.
  d) Notiere wie im Beispiel.

> S. 106, Nr. 1 d)
> Eine Zahl ist durch 2 teilbar, wenn __
> Eine Zahl ist durch 5 teilbar, wenn __
> Eine Zahl ist durch 10 teilbar, wenn __

② Du weißt:
  100 ist durch 4 teilbar, denn 100 : 4 = 25.

  a) Was weißt du dann über 1 000, 10 000, 100 000 und ihre Vielfachen? Notiere.

  b) Welche Stellen einer Zahl musst du untersuchen, um zu entscheiden, ob sie durch 4 teilbar ist?

  c) Untersuche alle Zahlen von der Tafel oben. Notiere die Zahlen, die durch 4 teilbar sind. Dividiere sie zur Kontrolle schriftlich durch 4.

  d) Finde eine Regel für Vedat und schreibe sie auf.

Alle Vielfachen einer Zahl sind ohne Rest durch diese Zahl teilbar.

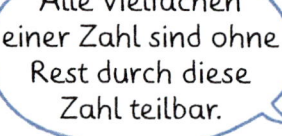

> S. 106, Nr. 2 d)
> Eine Zahl ist durch 4 teilbar, wenn __

③ 9 000 ist sicher ohne Rest durch 9 teilbar. Stelle 9 000 mit Plättchen in der Stellentafel dar. Verschiebe 1 Plättchen in eine andere Spalte.

ZT	T	H	Z	E
	● ● ● ● ● ● ● ● ●			

  a) Welche Zahlen entstehen? Schreibe sie nach der Größe geordnet auf.

  b) Berechne jeweils den Unterschied zur Ausgangszahl 9 000.

  c) Überprüfe, ob die neu entstandenen Zahlen auch durch 9 teilbar sind. Was fällt dir auf? Findest du eine Begründung?

④ Stelle auch die Zahlen 1 521, 25 731, 144 315 und 263 673 mit Plättchen in der Stellentafel dar. Notiere die Anzahl der benötigten Plättchen und überprüfe durch schriftliche Division, ob die Zahlen durch 9 teilbar sind.

1 Kennzeichen für Teilbarkeit durch 2, 5, 10 benennen;
2–3 Teilbarkeitsregeln für 4 und 9 erarbeiten;
4 Zahlen mit Plättchen in der Stellentafel darstellen und auf Teilbarkeit durch 9 prüfen

E▶50 AH▶52 A▶50

5 a) Addiere bei jeder Zahl aus Aufgabe 4 die vorkommenden Ziffern. Diese Summe heißt Quersumme der Zahl. Die Quersumme von 263 673 ist 2 + 6 + 3 + 6 + 7 + 3 = 27.

b) Vergleiche die Quersumme mit der Anzahl der verwendeten Plättchen in der Stellentafel. Was fällt dir auf? Notiere.

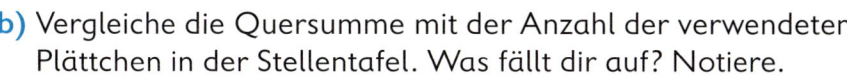

> Die Quersumme einer Zahl erhält man, wenn man ihre Ziffern addiert.

6 Notiere 10 Zahlen, von denen du sicher weißt, dass sie ohne Rest durch 9 teilbar sind, und berechne ihre Quersumme (QS). Was fällt dir auf?

> S. 107, Nr. 6
>
> Ich untersuche die 99, __,__,__,
> QS₉₉: 1 8

7 Notiere die Regel für die Teilbarkeit durch 9.

> S. 107, Nr. 7
>
> Eine Zahl ist durch 9 teilbar, wenn ihre Quersumme _____.

8 Teilbarkeit durch 3

a) Dividiere diese Zahlen durch 3. Berechne die Quersumme (QS) jeder Zahl.

| 36 402 | 100 000 | 263 043 | 882 411 |
| 29 718 | 999 999 | 300 376 | 516 403 |

> S. 107, Nr. 8 a)
>
> 3 6 4 0 2 : 3 = 1 2 1 3 4
> QS: 3 + 6 + 4 + 0 + 2 = 1 5

b) Notiere die Zahlen aus a), die du ohne Rest durch 3 teilen kannst. Schreibe immer ihre Quersumme dazu. Finde weitere Zahlen, die durch 3 teilbar sind. Notiere sie mit ihrer Quersumme. Was fällt dir an den Quersummen auf?

c) Notiere die Regel für die Teilbarkeit durch 3.

> S. 107, Nr. 8 c)
>
> Eine Zahl ist durch 3 teilbar, wenn _____.

9 Findest du auch eine Regel für die Zahlen, die ohne Rest durch 6 teilbar sind? Notiere sie.

42   12   6   36   54
18   30   24   48   60

> Ich schaue mir zuerst die Zahlen der Sechserreihe genau an.

10 Wahr oder falsch? Begründe.

> Eine Zahl, die durch 3 teilbar ist, kann man auch durch 6 teilen.   Ali

> Jede durch 10 teilbare Zahl ist auch durch 5 teilbar.   Lea

> Alle Vielfachen von 9 haben eine durch 3 teilbare Quersumme.   Nina

5 Quersummen bilden; 6 Auffälligkeiten an Quersummen von Zahlen, die durch 9 (3) teilbar sind, herausarbeiten; 7–8 Regeln für die Teilbarkeit durch 9 und 3 formulieren; 9 Regel für die Teilbarkeit durch 6 finden; 10 Aussagen begründet beurteilen

E▶50   AH▶52   A▶50

107

Der Taschenrechner

①

Suche folgende Tasten auf deinem Taschenrechner:

ON/C zum Einschalten / Löschen
(C bedeutet „Clear")

+ addieren − subtrahieren

× multiplizieren ÷ dividieren

= Gleichheitszeichen . Komma

Welche ist die größte Zahl, die du eintippen kannst?

Wie viele Stellen kann dein Taschenrechner anzeigen?

② Was fällt dir auf? Beschreibe und erkläre.

a) Tippe:

1 + 2 = = = =
3 + 3 = = = =
2 × 2 = = = =
8 0 − 8 = = = =

b) Was musst du eintippen, um die Zahlen der 6er-(15er-, 12er-) Reihe als Ergebniszahlen zu erhalten?

c) Was musst du eintippen, um eine Zahlenfolge zu erhalten, bei der ausgehend von 8 alle Zahlen verdoppelt werden?

③ Du darfst nur die Tasten 3 5 + und = drücken.

a) Welche Zahlen kleiner als 20 kannst du als Ergebnis bekommen?
b) Wähle nun zwei andere Zahlen. Welche Ergebnisse erhältst du jetzt?
c) Benutze zwei gerade Zahlen. Vergleiche die Ergebnisse von a bis c.

④ Dir stehen nur die Tasten 1 0 + − = zur Verfügung.
Versuche mit möglichst wenig Eingaben die folgenden Zahlen zu erreichen.
Notiere, welche Zahlenfolge du im Display siehst.

a) 99 **b)** 109 **c)** 71 **d)** 679 **e)** 890 **f)** 1 909 **g)** 2 199 **h)** 5 555 **i)** 8 008

⑤ Einer von euch rechnet mit dem Taschenrechner und der andere im Kopf.
•☐• Wer kommt schneller zum Ergebnis?

a)	**b)**	**c)**	**d)**
42 : 6	9 000 + 900 + 90 + 9	1 000 − 998	123 + 321
35 : 7	2 000 + 3 000 + 5 000	100 · 34	335 − 45
4 : 15	8 000 − 4 000 − 4 000	777 : 7	2 970 : 10
9 : 7	6 000 − 2 000 + 1 000	125 : 5	25 · 4

1 Tasten kennenlernen;
2 Funktionen erproben, Erfahrung gewinnen; **3-4** Erfahrungen in Aufträgen erproben,
5 Geschwindigkeitsvergleich: Kopfrechnen und Rechnen mit dem Taschenrechner

E▶51 AH▶53 A▶51

6 Nimm eine beliebige dreistellige Zahl (365) und schreibe sie zweimal auf, so dass eine sechsstellige Zahl entsteht (365 365).

a) Teile deine Zahl zuerst durch 7, dann das Ergebnis durch 11 und dieses Ergebnis durch 13.

b) Bilde andere sechsstellige Zahlen nach diesem Muster und teile sie wieder durch 7, 11 und 13. Was fällt dir auf?

c) Versuche, eine Erklärung zu finden. Notiere sie.

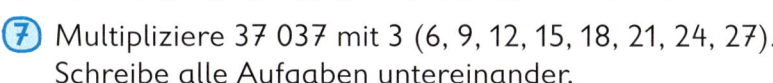

Wie viel ist eigentlich 7 · 11 · 13?

7 Multipliziere 37 037 mit 3 (6, 9, 12, 15, 18, 21, 24, 27). Schreibe alle Aufgaben untereinander.

Was fällt dir auf? Notiere eine Erklärung.

8 Beherrscht dein Taschenrechner die Regel *Punktrechnung vor Strichrechnung?* Überprüfe es, indem du die folgenden Aufgaben zuerst ohne, dann mit dem Taschenrechner berechnest.

Erinnerst du dich?

a) $380 \cdot 100 - 4 \cdot 500$ b) $1000 : 20 + 6 \cdot 8$

c) $125 + 4 \cdot 15$ d) $2000 - 9 \cdot 50$

In welcher Reihenfolge musst du die Zahlen eingeben, damit das richtige Ergebnis erscheint?

Punktrechnung (·, :) geht vor Strichrechnung (+, −)!

9 Berechne mit Hilfe des Taschenrechners.

a) Wie viele Stunden, Minuten, Sekunden hat ein Jahr?

b) Wie viele Stunden bist du ungefähr auf der Welt?

c) „Ich bin schon mindestens 332 880 Stunden auf der Welt", sagt Mutter. Wie alt ist sie?

10

a) Das Herz eines Kolibris schlägt in der Sekunde 20-mal. Wie oft ist das in einer Minute, in einer Stunde, an einem Tag? Notiere die Ergebnisse.

b) Ein Kolibri bewegt seine Flügel ca. 50-mal pro Sekunde. Wie viele Flügelschläge sind es in einer Minute, in einer Stunde?

c) Der Kolibri atmet bis zu 250-mal pro Minute. Wie oft ist das in einer Woche? Vergleiche mit deiner Atmung.

d) Führe die Berechnungen auch für einen Storch aus. Herzschlag pro Minute: 270-mal, Flügelschläge pro Sekunde: 2, Atemzüge pro Minute: 8

e) Vergleiche die Ergebnisse für Kolibri und Storch mit Hilfe einer Tabelle.

6 Zahlen mit Muster und besonderen Teilbarkeitseigenschaften;
7 Erklärung für die Folge der Produkte finden; 8 prüfen, ob der Taschenrechner die Regel Punkt- vor Strichrechnung beherrscht; 9–10 Sachaufgaben mit Taschenrechner lösen

E▶51 AH▶53 A▶51

109

Das kann ich schon!

Im Kopf oder halbschriftlich dividieren

1 a) 1800 : 30 b) 420 000 : 600 c) 5 600 : 70 d) 24 240 : 8 e) 43 620 : 6

18 000 : 30   420 000 : 6   56 000 : 700   36 045 : 9   42 749 : 7

180 : 3   42 000 : 60   560 : 7   63 600 : 6   88 640 : 8

180 000 : 30   4 200 : 600   560 000 : 70   50 400 : 7   35 626 : 5

Schriftlich dividieren

2 Notiere zuerst den Überschlag, dividiere dann schriftlich und prüfe dein Ergebnis mit der Probeaufgabe.

a) 6 846 : 6 b) 3 462 : 6 c) 70 345 : 5 d) 87 654 : 9 e) 144 648 : 12

7 635 : 5   2 538 : 9   83 594 : 7   58 276 : 7   240 860 : 20

9 456 : 4   4 952 : 8   60 789 : 3   43 358 : 4   500 250 : 25

3 Überprüfe die Rechnungen. Notiere, welche Fehler gemacht wurden, und berichtige die Aufgaben.

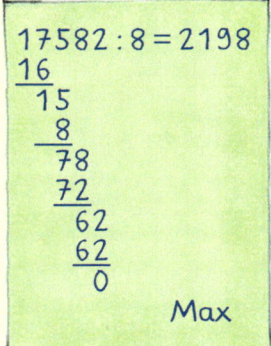

```
17582 : 8 = 2198
16
 15
  8
 78
 72
  62
  62
   0
```
Max

```
29864 : 8 = 37033
24
 58
 56
  26
  24
   24
   24
    0
```
Maria

```
9864 : 9 = 1096
9
08
 0
 86
 81
  54
  54
   0
```
Vedat

```
8546 : 5 = 179 R1
5
35
35
 046
  45
   1
```
Nele

Durchschnitt

4 Hier siehst du die Besucherzahlen eines Freibades in den Jahren 2006 bis 2014.

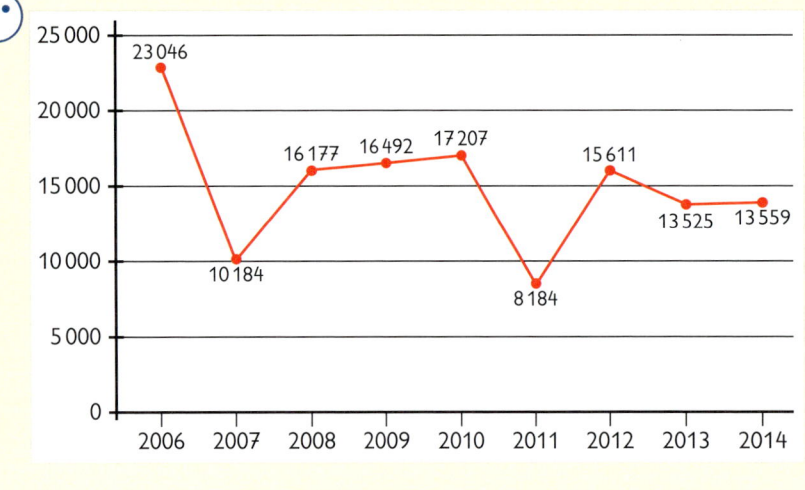

a) Berechne die durchschnittliche Besucherzahl pro Jahr für diesen Zeitraum.

b) Versuche, eine Erklärung für den großen Unterschied zwischen den Zahlen der verschiedenen Jahre zu finden. Notiere sie.

1 Lösungsweg aufgabenbezogen entscheiden;
2 schriftlich dividieren; 3 Rechnungen prüfen, ggf. korrigieren;
4 Durchschnittswert errechnen, nach einer Erklärung für die Schwankungsbreite suchen

E▶52 A▶52

Primzahlen

⑤ **a)** Welche Primzahlen liegen in diesem Abschnitt der Hundertertafel? Schreibe sie auf.

21	22	23	24	25	26	27	28	29	30
31	32	33	34	35	36	37	38	39	40

b) Multipliziere immer zwei dieser Primzahlen. Welche Zahlen entstehen?

c) Addiere immer zwei dieser Primzahlen. Was fällt dir auf? Kannst du es erklären?

⑥ Zerlege die Zahlen 120, 360, 540 und 1200 und schreibe sie als Produkte aus lauter Primzahlen.

Teiler, Vielfache und Teilbarkeit

⑦ **a)** Finde alle Teiler (T) von 12, 36 und 54. Bestimme den größten gemeinsamen Teiler von

A 12 und 36   **B** 12 und 54   **C** 36 und 54   **D** 12, 36 und 54.

b) Prüfe, ob 5040 durch 2, 3, 4, 5, 6, 7, 8 und 9 teilbar ist. Was fällt dir auf?

c) Sieh dir die Zahlen genau an und notiere, durch welche Zahlen sie sicher ohne Rest teilbar sind.

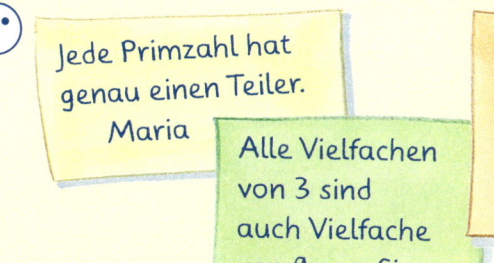

12 330   423 423   123 644

31 484   3 411   7 695

⑧ Richtig oder falsch? Begründe deine Meinung.

Jede Primzahl hat genau einen Teiler.
Maria

Alle Vielfachen von 3 sind auch Vielfache von 9. Sina

Wenn die Quersumme einer Zahl durch 9 teilbar ist, dann ist auch die Zahl durch 9 teilbar.
Jan

Der größte gemeinsame Teiler von zwei Zahlen kann auch die kleinere Zahl der beiden sein.
Max

⑨ Anne, Tom, Lea und Mio treffen sich zufällig an einem Sonntag im Zoo. Im Gespräch stellt sich heraus, dass alle eine Jahreskarte besitzen und regelmäßig den Zoo besuchen.
Anne geht jeden Sonntag mit ihren Eltern in den Zoo.
Tom besucht den Zoo jeden dritten Tag. Lea kommt alle vier Tage in den Zoo und Mio alle 6 Tage.

Nach wie vielen Tagen treffen sich erstmalig

a) 2 der Kinder   **b)** 3 Kinder   **c)** alle 4 Kinder wieder?

5 Primzahlen bestimmen, Produkte und Summen aus Primzahlpaaren bilden und beschreiben;
6 Zahlen in Primfaktoren zerlegen; 7 gemeinsame Teiler finden, Zahlen auf Teilbarkeit prüfen;
8 Aussagen beurteilen; 9 Sachaufgabe lösen

E ▶ 52   A ▶ 52

111

Umfang

① Lege mit 12 Streichhölzern Umrisse verschiedener Figuren.
Zeichne deine Beispiele als Skizzen in dein Heft. Schreibe an jede Seite die Anzahl
der benutzten Streichhölzer.

② Maria und Ali haben diese Figuren gelegt.
Prüft, ob sie immer genau 12 Streichhölzer benutzt haben.
Bestimmt die Anzahlen durch einfache Plus- oder Malaufgaben.

Die **Summe der Seitenlängen** einer
Figur nennt man **Umfang** der Figur.
Er wird in **Längenmaßen** angegeben.

③ Wenn du mit dem Zollstock Umrisse von Figuren legst, kannst du die Länge des Umfangs
ablesen. Ein Zollstock besteht aus Streifen, die an den Enden durch Nieten miteinander
verbunden sind.

a) Vergewissere dich, wie lang jeder Streifen ist und wie viele Streifen es sind.

b) Wie lang sind die Umfänge der Figuren ?

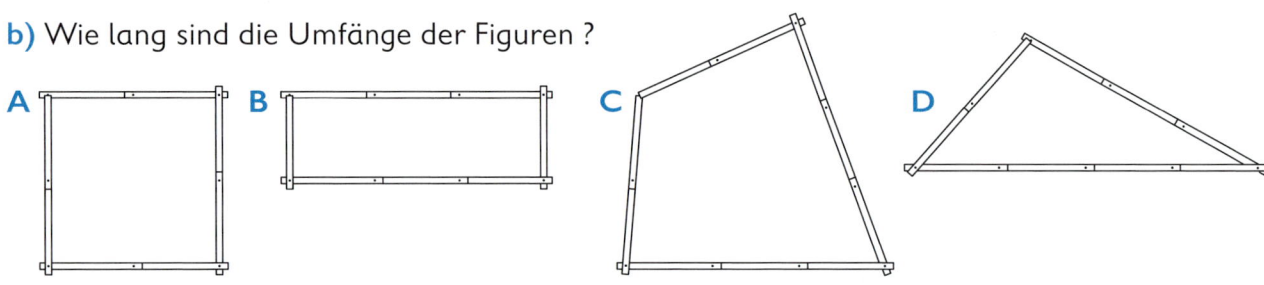

④ Bestimme die Länge der Seiten dieses Rechtecks.
Berechne den Umfang des Rechtecks.
Zeichne ein anderes Rechteck und ein Quadrat,
die denselben Umfang haben. Wie lang sind die Seiten
deiner Flächen?

1 Umrisse von Figuren legen; 2 Umfangsbegriff erarbeiten;
3 Umfänge berechnen; 4 Seitenlängen bestimmen, umfangsgleiche Figuren zeichnen

E▶53 AH▶54 A▶53

Ein Quadrat mit der Seitenlänge a = 1 cm heißt Zentimeterquadrat. Sein Flächeninhalt beträgt 1 Quadratzentimeter (1 cm²).

Mit der Seitenlänge 1 m entsteht ein Meterquadrat mit dem Flächeninhalt 1 Quadratmeter (m²).

① Stellt aus Zeitungpapier ein Meterquadrat her.

Wie viele braucht ihr?

Faltet und schneidet aus Zeitungspapier Quadrate mit 50 cm Seitenlänge.

Wie viele Kinder können gleichzeitig auf dem Meterquadrat stehen?

② Wie groß ist der Flächeninhalt eures Klassenraumes ungefähr?

Legt eure Meterquadrate entlang einer Wand nebeneinander.

Wie viele solcher Reihen sind möglich?
Wie viele Meterquadrate passen insgesamt?

Der **Flächeninhalt** gibt an, wie groß eine Fläche ist. **Flächenmaße** sind z.B.: Quadratzentimeter (cm²), Quadratdezimeter (dm²), Quadratmeter (m²)

③ Wie groß ist der Flächeninhalt dieses Rechtecks?
Zeichne das Rechteck in dein Heft.
Wie viele Zentimeterquadrate, füllen das Rechteck aus?

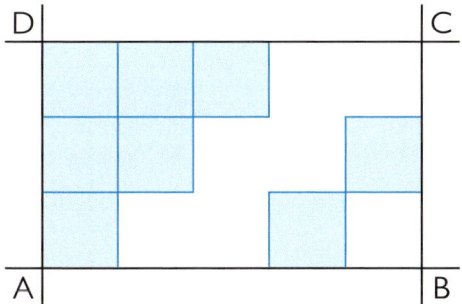

Wenn ich die Anzahl kenne, weiß ich, wie viele Quadratzentimeter der Flächeninhalt groß ist.

1–2 Flächeninhaltsbegriff erarbeiten, Meterquadrat herstellen und Flächeninhalt eines Klassenraums ungefähr bestimmen; 3 Rechteck zeichnen und Flächeninhalt bestimmen

E ▶ 53 AH ▶ 54 A ▶ 53

113

Umfang und Flächeninhalt

① Nehmt eine etwas mehr als 40 cm lange Schnur. Knotet die Enden zusammen, so dass eine geschlossene Schlaufe entsteht.

Ein Kind steckt dann Daumen und Zeigefinger beider Hände in die Schlaufe und spannt ein Rechteck auf. Während es Daumen und Zeigefinger mehrmals aufeinander zu und wieder auseinander bewegt, bleiben die „Seiten des Rechtecks" gespannt.

Wechselt euch ab. Beobachtet und besprecht, was gleich bleibt und was sich verändert.

Stimmt oder stimmt nicht?
Notiert in eure Hefte nur, was stimmt.

– Der Flächeninhalt der Rechtecke verändert sich.

– Der Umfang der Rechtecke bleibt immer gleich.

– Der Flächeninhalt der Rechtecke bleibt immer gleich.

– Der Flächeninhalt wird größer, wenn benachbarte Seiten sehr unterschiedlich sind (eine Seite sehr groß, die andere sehr klein).

– Der Flächeninhalt wird größer, wenn der Längenunterschied benachbarter Seiten möglichst klein wird.

② Zeichne zwei Rechtecke, deren Umfang 16 cm beträgt.
Der Flächeninhalt soll bei einem der Rechtecke möglichst klein, beim anderen möglichst groß sein. Die Überlegungen aus Aufgabe 1 helfen.

③ Gib den Flächeninhalt der Rechtecke in Quadratzentimetern an.
Welches der Rechtecke hat den größten Umfang?

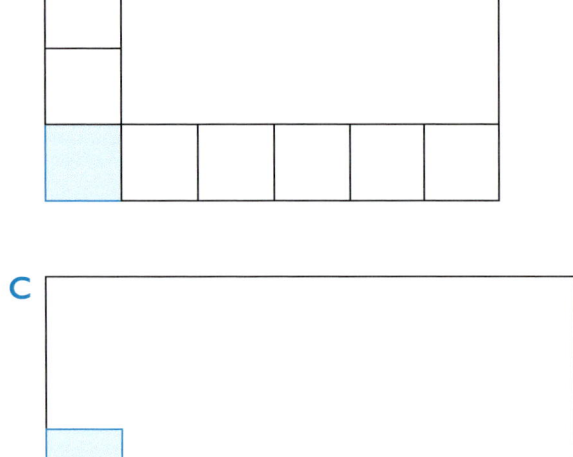

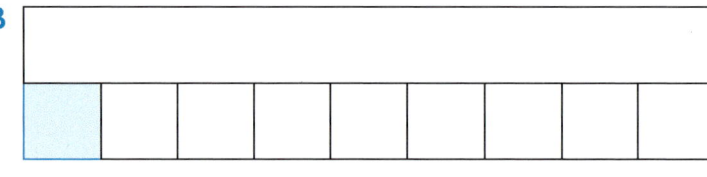

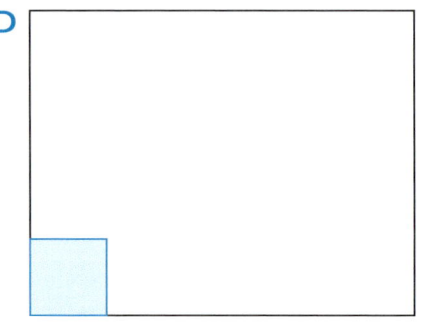

1 in Verbindung mit einem Versuch die Aussagen beurteilen;
2 umfangsgleiche Rechtecke mit unterschiedlichem Flächeninhalt zeichnen;
3 Umfang und Flächeninhalt der Rechtecke bestimmen, Umfänge vergleichen

E ▶ 54   AH ▶ 55   A ▶ 54

4 **a)** Wie groß ist der Flächeninhalt eines Rechtecks, das 5 cm lang und 3 cm breit ist?

b) Zeichne ein Rechteck, dessen Seitenlängen doppelt so groß sind. Wie groß ist sein Flächeninhalt?

c) Vergleiche die Flächeninhalte beider Figuren.

5 Muster aus Rechtecken. Wie geht es weiter?
a) Schreibe zu jedem Rechteck Länge (a) und Breite (b) auf.
b) Welche Maße hat das folgende Rechteck?
c) Zeichne das passende fünfte Rechteck.

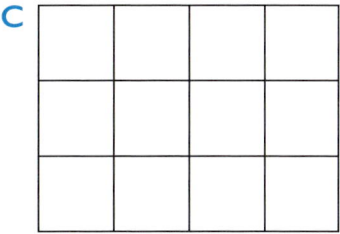

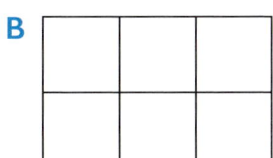

6 **a)** Notiere auch hier die Seitenlängen der Rechtecke und zeichne das passende vierte Rechteck.
b) Wie oft passt das zweite Rechteck in dieses vierte Rechteck?

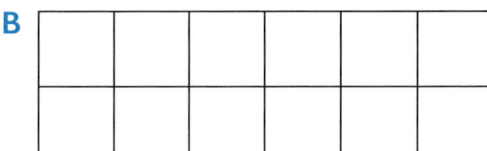

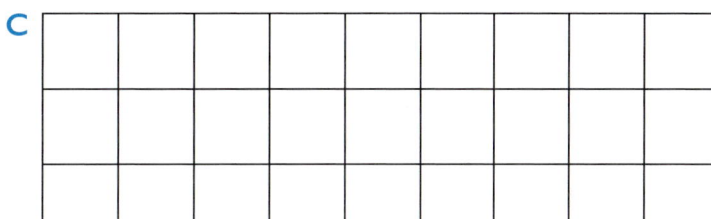

7 Zeichne ein Rechteck, das 20 Quadratzentimeter groß ist. Der Umfang soll 18 cm lang sein. Zeichne ein Rechteck mit doppelt so großem Flächeninhalt. Es gibt verschiedene Möglichkeiten.

8 Wie groß ist der Flächeninhalt der eingefärbten Flächen?

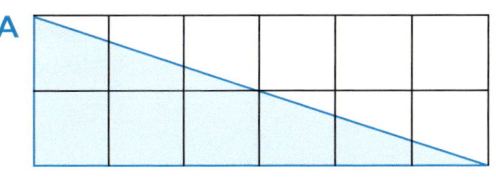

Vergleiche jeweils den eingefärbten Teil mit der Restfläche des Rechtecks.

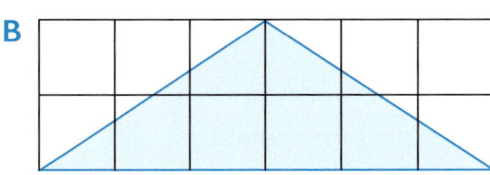

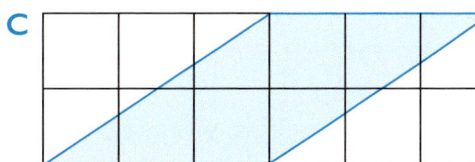

4 Veränderung des Flächeninhalts bei Verdopplung der Seitenlängen erproben und reflektieren;
5–6 Folge fortsetzen; 7 Rechtecke mit doppeltem Flächeninhalt zeichnen;
8 Flächeninhalt von Teilflächen bestimmen

E ▶ 54 AH ▶ 55 A ▶ 54

115

Maßstab

① Eine Stubenfliege ist ungefähr 1 cm lang, ein Elefant ungefähr 8 m.
Berechne den Maßstab für die beiden Abbildungen.

> Der **Maßstab** beschreibt das Größenverhältnis von Bild und Wirklichkeit.

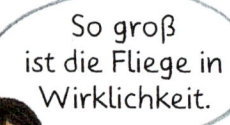 So groß ist die Fliege in Wirklichkeit.

Gleich groß? Natürlich nicht!

Originalgröße	vergrößert	verkleinert
Maßstab 1 : 1	Maßstab __ : __	Maßstab __ : __

② Wie groß sind diese Tiere in Wirklichkeit?

```
S. 116, Nr. 2
Biene
Länge Bild          3 cm
Maßstab             2 : 1
Länge Wirklichkeit  1,5 cm
```

Maßstab 2 : 1	Maßstab 1 : 1	Maßstab 8 : 1	Maßstab 1 : 4

③ Berechne aus den Angaben die wirkliche Größe.

Die sind in Wirklichkeit alle viel größer.

    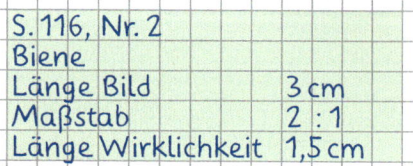

1 : 75	1 : 60	1 : 150	1 : 40

④ Eine Laus ist nur 3 mm lang.
Welcher Maßstab ist angewendet, wenn sie im Bild 1,8 cm groß erscheint?

1 Maßstab für die Vergrößerung und die Verkleinerung berechnen;
2 wirkliche Maße angeben; **3** wirkliche Maße berechnen;
4 Maßstab angeben

E ▶ 55   AH ▶ 56   A ▶ 55

⑤ Zeichne alle Strecken im Maßstab 1 : 1, 1 : 2 und 2 : 1 in dein Heft.

a) ⊢————————————————⊣

b) ⊢———————————————⊣

c) ⊢—————————⊣

d) ⊢————————⊣

e) ⊢————⊣

Mal länger, mal kürzer, mal gleich lang.

⑥ Alle Strecken sollen im Bild 1 cm lang sein. Zeichne die Strecken und gib jeweils den passenden Maßstab an.

a) ⊢————————————⊣

b) ⊢————————⊣

c) ⊢———⊣

⑦ Ihr kennt diese Gegenstände und wisst, wie lang sie ungefähr in Wirklichkeit sind. Wenn ihr unsicher seid, könnt ihr die wirklichen Gegenstände nachmessen.
Bestimmt die Länge im Bild und findet heraus, welcher Maßstab angewendet wurde. Notiert eure Ergebnisse in einer Tabelle.

S. 117, Nr. 7	Stift
Bild	8 cm
Wirklichkeit	16 cm
Maßstab	1 : 2

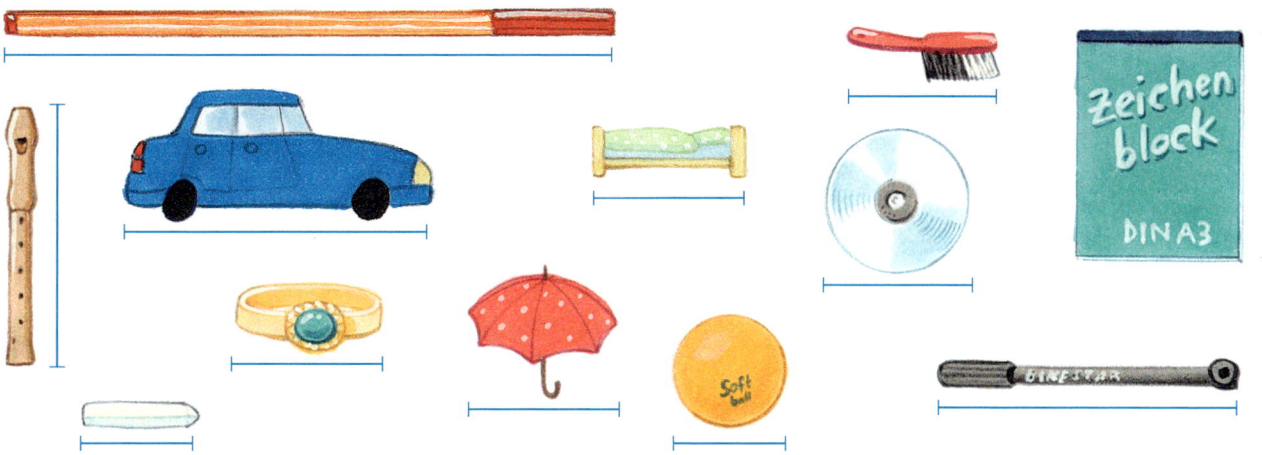

⑧ Zeichne die Figuren im Maßstab 1 : 1 und im jeweils angegebenen Maßstab in dein Heft.

Denke daran, dass sich der Maßstab immer auf Länge und Breite bezieht.

a) 1 : 2   b) 2 : 1   c) 3 : 1   d) 4 : 1

5 Strecken im angegebenen Maßstab zeichnen; 6 Strecken zeichnen, Maßstab angeben;
7 Bild und Wirklichkeit vergleichen, Maßstabangabe ableiten;
8 jedes Rechteck nach Angabe zweimal zeichnen

E▶55 AH▶56 A▶55

117

Räumliche Orientierung

① Wie viele Meter oder sogar Kilometer entsprechen
•☐• einem Zentimeter auf den Karten?

1 : 1 000 000
1 cm im Bild für
1 000 000 cm in der
Wirklichkeit

Maßstab
1 : 10 000 000

Maßstab
1 : 5 000 000

② Plane und beschreibe mit Hilfe des Kartenausschnitts einen Stadtrundgang:
•☐• Dom, Rathausplatz, St. Kolumba, Oper, Neumarkt, Römerturm, WDR, Dom

a) In welchen Planquadraten liegen die Sehenswürdigkeiten?

b) Beide Rheinbrücken sind ungefähr 400 m lang. In welchem Maßstab ist der Kartenausschnitt angelegt?

c) Berechne die Länge des Rundweges.

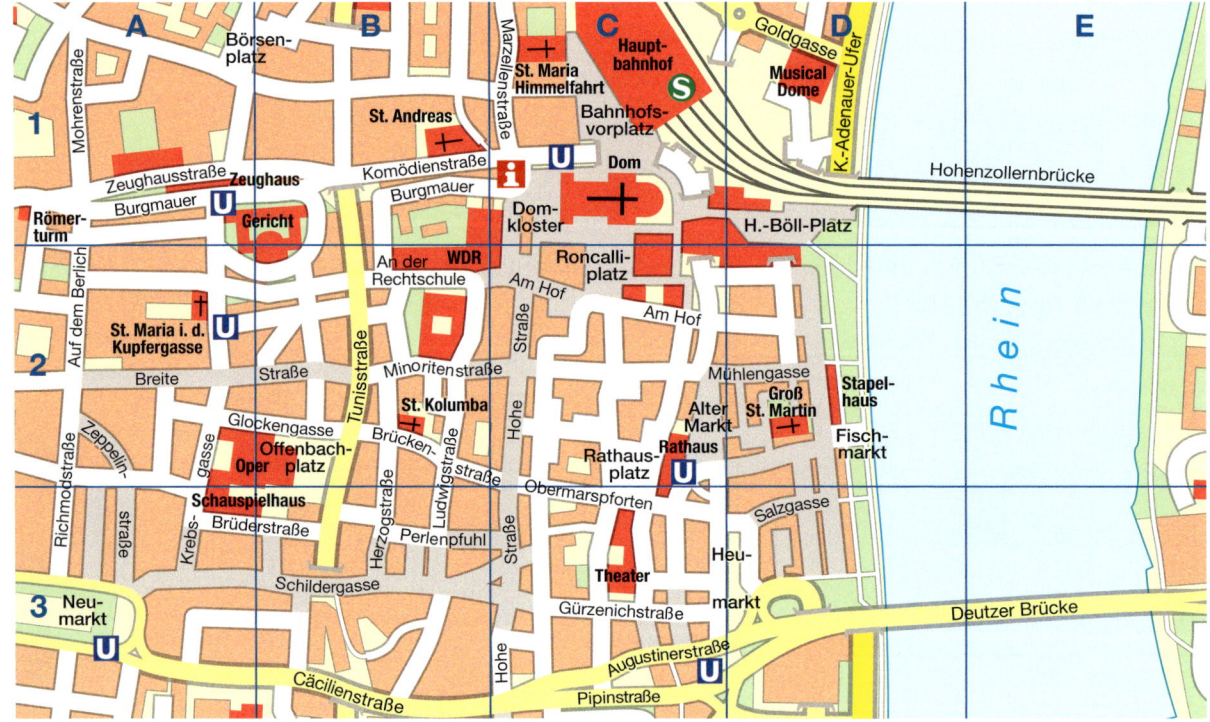

1 Maßstab in Längenangaben konkretisieren;
2 Orientierung am Kartenausschnitt nachweisen, Maßstab aus der Längenangabe der Brücken bestimmen

E ▶ 56   AH ▶ 57   A ▶ 56

③ Verschiedene Ansichten.

• ☐ • **a)** Welche Somateile sind auf dem Bauplatz angeordnet?

b) Ordnet auf einem Bauplan die Somateile so an, dass die Ansichten A bis D zutreffen. Notiert, auf welchen Planquadraten die einzelnen Somateile liegen.

c) Ordnet den Kindern die Ansichten A bis D zu.

A B

C D

④ Zeichne jeweils die Ansichten aus allen Richtungen in dein Heft. Vergleiche die Darstellungen von vorne und hinten, von rechts und von links.

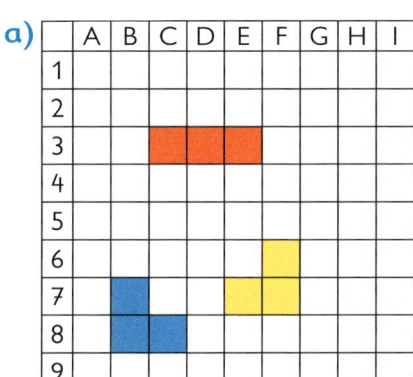

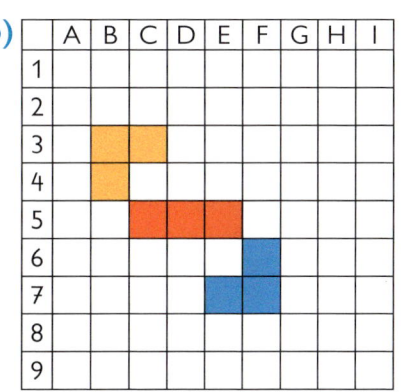

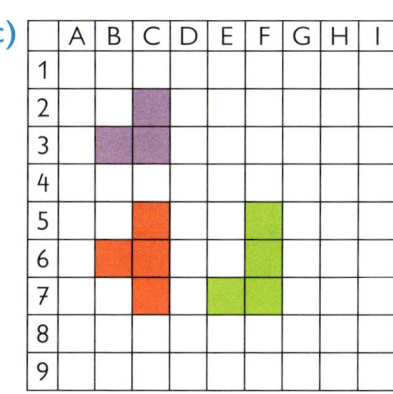

⑤ Auf die Veränderung kommt es an.

	A	B	C	D	E	F	G	H	I
1									
2									
3									
4									
5									
6									
7									
8									
9									

a) Zeichne wieder alle vier Ansichten. Was fällt dir auf? Beschreibe.

b) Verändere die Aufstellung des Drillings an seinem Platz so, dass der Drilling in allen Ansichten zu sehen ist. Auf welchen Feldern steht der Drilling jetzt?

c) Auf welchem Feld steht der höhere Teil der Figur?

⑥ Das schwarze Somateil besetzt die Felder 4/D, E und 5/E, F. Ordne L, T und Drilling so an, dass Z nur aus einer Richtung zu sehen ist. Finde mehrere Möglichkeiten. Beschreibe die Stellung der einzelnen Teile durch Angabe der Planquadrate.

3 Anordnung nachstellen, Lage der Somateile dokumentieren, Ansichten zuordnen;
4 Ansichten aus allen Richtung aufzeichnen;
5 Ansichten aufzeichnen, Veränderung vornehmen, Fragen beantworten; **6** verbalen Auftrag umsetzen

Das kann ich schon!

Umfang und Flächeninhalt

① a) Bestimme den Umfang und den Flächeninhalt der Rechtecke.

A   B   C   D

b) Bei welchen Rechtecken ist der Umfang gleich lang, welche haben den gleichen Flächeninhalt?

② Lege mit einem Zollstock Umrisse für Rechtecke. Der Umfang soll 2 m betragen. Es gibt zwei Möglichkeiten.

a) Zeichne die gefundenen Beispiele in dein Heft. Zeichne für jeden Streifen des Zollstocks eine Strecke von 2 cm Länge.

b) Warum können mit dem Zollstock keine weiteren Rechtecke gelegt werden, deren Umfang 2 m lang ist?

c) Welche anderen Rechtecke lassen sich mit dem Zollstock legen? Zeichne alle im Maßstab 1 : 10. Wie viele hast du gefunden?

③ a) Wie groß ist der Umfang von Rechtecken, deren benachbarte Seiten zusammen 18 cm lang sind?

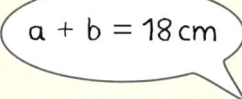

$a + b = 18\,cm$

b) Wie lang können die Seiten eines solchen Rechtecks sein? Notiere mindestens 5 Beispiele.

④ An einem Rechteck, dessen Umfang 20 cm lang ist, ist die Summe der gegenüberliegenden Seiten (a, c) 12 cm. Sind die beiden anderen Seiten (b, d) länger oder kürzer?

⑤ Wie heißt ein Quadrat mit der Seitenlänge a = 1 m? Wie groß ist sein Flächeninhalt?

⑥ a) Zeichne drei verschiedene Rechtecke, deren Flächeninhalt 12 cm² beträgt.

b) Bei welchen Flächeninhalten könnten auch Quadrate entstehen? Notiere 3 Beispiele.

Flächeninhalt von Teilflächen

7 **a)** Wie groß ist der Flächeninhalt der eingefärbten Flächen?

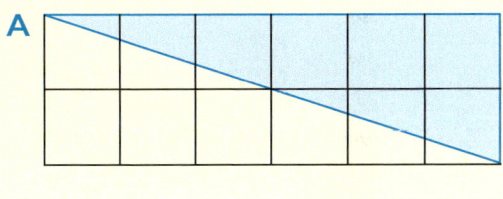

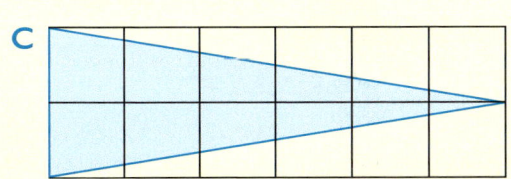
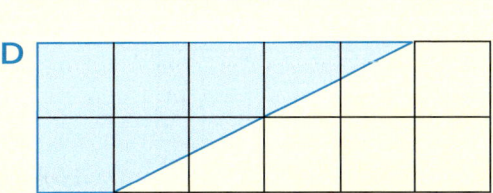

b) Erfinde und zeichne zwei weitere passende Beispiele.

Maßstab

8 Erkläre, was die Maßstabsangaben bedeuten.
Bei welcher Angabe handelt es sich um eine Vergrößerung?

a) Maßstab 4 : 1   **b)** Maßstab 1 : 2   **c)** Maßstab 1 : 1

9 **a)** Wie verändern sich die Seitenlängen der Rechtecke?
Wie verändert sich ihr Flächeninhalt?

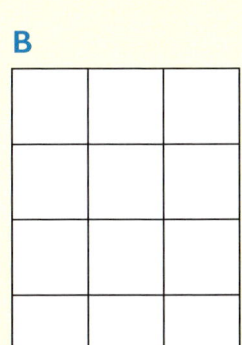
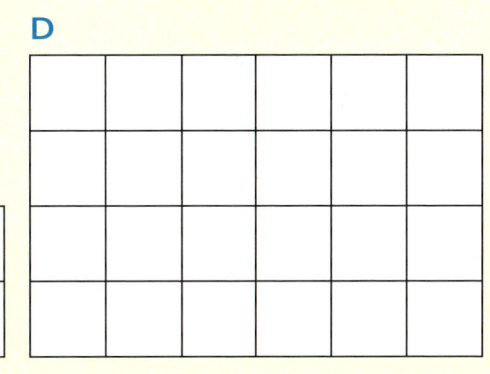

A

B

C

D

b) Welches Rechteck ist eine maßstabgetreue Abbildung von Rechteck A?
Gib den Maßstab an.

10 Um wie viele Quadratzentimeter verändert sich der Flächeninhalt von Rechteck A,
wenn du die Seiten schrittweise um jeweils einen Zentimeter vergrößerst?

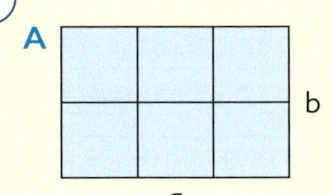

A

a

b

a) Zeichne oder rechne.

b) Entsteht in dieser Folge eine maßstabgetreue Vergrößerung
von Rechteck A?
Begründe deine Entscheidung.

7 Teilflächen gleicher Rechtecke bestimmen, weitere Beispiele zeichnen;
8 Maßstabangaben interpretieren; **9** Veränderungen beschreiben, maßstabgetreue Abbildung identifizieren;
10 Folge zeichnen oder berechnen

121

E ▶ 57   A ▶ 57

Aufgaben für Super M-Fans – Forschen und entdecken

① Summen in Zeilen der Hundertertafel

1	2	3	4	5	6	7	8	9	10
11	12	13	14	15	16	17	18	19	20
21	22	23	24	25	26	27	28	29	30
31	32	33	34	35	36	37	38	39	40
41	42	43	44	45	46	47	48	49	50
51	52	53	54	55	56	57	58	59	60
61	62	63	64	65	66	67	68	69	70
71	72	73	74	75	76	77	78	79	80
81	82	83	84	85	86	87	88	89	90
91	92	93	94	95	96	97	98	99	100

a) Wie groß ist die Summe aller Zahlen in der 1. Zeile?

$1 + 10$
$2 + 9$
$3 + 8$
…

$1 + 9$
$2 + 8$
$3 + 7$
…

b) Berechne die Summe in der 2. Zeile.
Vergleiche mit der Summe der 1. Zeile.

c) Vergleiche die Zahlen in der 1. Zeile mit den Zahlen in der 2. Zeile.
Was verändert sich? Was bleibt gleich?
Kannst du die Summe in der 2. Zeile aus der Summe in der 1. Zeile berechnen?

d) Um wie viel verändern sich die Summen von Zeile zu Zeile?

e) Wie groß ist die Summe aller Zahlen in der letzten Zeile?

②

Die Summe aller Zahlen bis 100

Der bedeutende Mathematiker Carl Friedrich Gauß (1777–1855) sollte als Schüler im 3. Schuljahr die Summe aller Zahlen von 1 bis 100 bilden. Der Lehrer nahm an, dass er ihn damit eine Weile beschäftigen könnte. Doch schon nach kurzer Zeit fand C. F. Gauß zum Erstaunen seines Lehrers die Summe.

Wie löst du diese Aufgabe?
Notiere deine Überlegungen und deinen Lösungsweg.

③ Gerade Zahlen und ungerade Zahlen
in der Hundertertafel

a) Berechne die Summe aller ungeraden Zahlen in der ersten Hundertertafel. Es gibt mehrere geschickte Rechenwege.

b) Berechne die Summe aller geraden Zahlen.
Vergleiche mit dem Ergebnis von a).
Findest du eine Erklärung?

Bilde Summen
in der 2. Hundertertafel.
Was entdeckst du?

1	2	3	4	5	6	7	8	9	10
11	12	13	14	15	16	17	18	19	20
21	22	23	24	25	26	27	28	29	30
31	32	33	34	35	36	37	38	39	40
41	42	43	44	45	46	47	48	49	50
51	52	53	54	55	56	57	58	59	60
61	62	63	64	65	66	67	68	69	70
71	72	73	74	75	76	77	78	79	80
81	82	83	84	85	86	87	88	89	90
91	92	93	94	95	96	97	98	99	100

101	102	103	104	105	106	107	108	109	110
111	112	113	114	115	116	117	118	119	120

1 Teilsummen in der Hundertertafel berechnen; 2 Summe aller Zahlen bis 100 bilden;
3 gerade (ungerade) Zahlen in der Hundertertafel summieren, vergleichen, nach einer Erklärung suchen

E ▶ 58   AH ▶ 58   A ▶ 58

4 Zahlenzauber in einem Dreieck

Im „Pascalschen Dreieck", benannt nach dem französischen Mathematiker Blaise Pascal (1623–1662), steht an der Spitze und an den Rändern jeder Zeile eine 1.

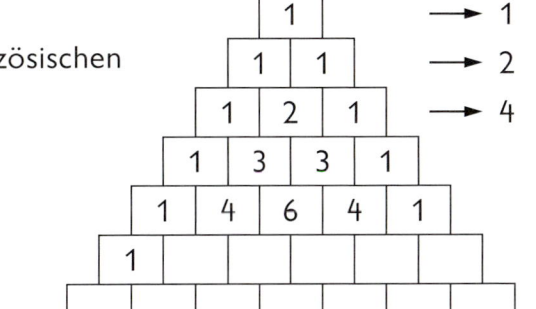

a) Wie die anderen Felder ausgefüllt werden müssen, findest du sicherlich schnell heraus. Notiere deine Entdeckung.

b) Übertrage das Dreieck in dein Heft und fülle es aus. Du kannst auch noch weitere Zahlenreihen anfügen.

c) Addiere die Zahlen in den Zeilen und notiere die Ergebniszahlen (⟶). Sie ergeben eine Zahlenfolge. Beschreibe die Regel der Zahlenfolge.

d) Addiere nur Zahlen der Zahlenfolge aus c). Du darfst in jeder Aufgabe jede Zahl nur einmal benutzen. Kannst du die Summen 23, 44, 63, 65, 71 erreichen? Versuche auch andere Zahlen so zu bilden. Welche Entdeckungen machst du?

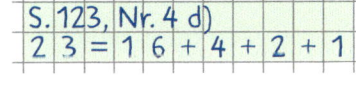

S. 123, Nr. 4 d)
23 = 16 + 4 + 2 + 1

e) Untersuche die blau markierten Zahlen. Notiere die Zahlenfolge und beschreibe ihr Muster.

f) Markiere alle Zahlen, die durch 3 teilbar sind, mit Gelb. Was fällt dir auf?

g) Markiere alle Zahlen, die durch 5 teilbar sind, mit Grün. Was fällt dir auf?

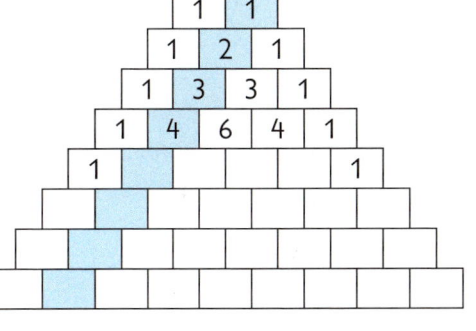

h) Suche und färbe im Pascalschen Dreieck die Zahlenfolge, die so beginnt: 1, 3, 6, 10, _____. Wie geht es weiter? Findest du eine Regel?

i) Sicherlich findest du noch mehr Muster im Pascalschen Dreieck. Notiere die Zahlenfolgen mit der dazugehörigen Regel.

---

5 Wenn du statt der 1 an der Spitze und den Rändern des Pascalschen Dreiecks eine 2 einsetzt, entstehen neue Muster.

a) Übertrage das Dreieck in dein Heft und fülle es aus.

b) Notiere auch hier die Summen der Zahlen in jeder Zeile.

c) Markiere alle Zahlen, die durch 6 teilbar sind, mit Rot.

d) Markiere alle Zahlen, die durch 10 teilbar sind, mit Grün.

e) Sicherlich kannst du noch mehr Muster im Dreieck entdecken. Schreibe sie als Zahlenfolgen auf und beschreibe die Muster.

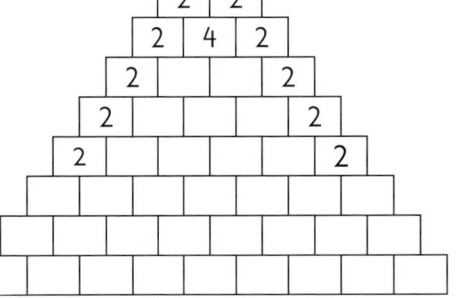

4 Untersuchungen am „Pascalschen Dreieck" durchführen;
5 neue Muster produzieren, als Zahlenfolgen notieren und beschreiben
E▶58 AH▶58 A▶58

123

Aufgaben für Super M-Fans – Römische Zahlzeichen

Was soll das denn heißen?

Bis ins Mittelalter wurden auch bei uns römische Zahlzeichen benutzt.
Du findest sie heute noch an vielen alten Gebäuden als Jahreszahlen, auf Ziffer-blättern von Uhren und in manchen Büchern.

I =	1	V =	5
X =	10	L =	50
C =	100	D =	500
M =	1 000		

① Was fällt dir auf, wenn du die römischen Zahlzeichen betrachtest? Notiere.

② Regeln für das Lesen und Schreiben römischer Zahlen.

> Ein Zahlzeichen, das rechts neben einem größeren oder gleichen Zeichen steht, wird addiert.
>
> XXX = 10 + 10 + 10 = 30
> DL = 500 + 50 = 550

> Es dürfen höchstens drei gleiche Zeichen hintereinanderstehen.
> III = 1 + 1 + 1 = 3   IV = 5 − 1 = 4
> Ausnahme:
> V, L und D dürfen nur einmal vorkommen.

> Stehen I, X oder C links von einem größeren Zahlzeichen, wird subtrahiert.
> IX = 10 − 1 = 9
> XC = 100 − 10 = 90

> Römische Zahlen werden aus Großbuchstaben, die einen für bestimmten Wert stehen, zusammengesetzt.
> Dabei werden sie, beginnend mit dem höchsten Zahlenwert, hintereinander gesetzt.

a) Schreibe die Zahlen von 1 bis 20 mit römischen Zahlzeichen.

b) Wie heißen diese Zahlen? Ordne sie nach der Größe und schreibe sie auf.

c) Schreibe mit römischen Zahlzeichen: 25, 34, 135, 515, 1 111, 1 416, 3 065, 2 507, 1 699

•☐• **d)** Denke dir Zahlen aus, für die du viele römische Zahlzeichen benötigst. Schreibe sie auf und gib sie deinem Partner zum „Übersetzen".

③ Vergleiche die römischen Zahlen mit unseren Zahlen, die aus arabischen Ziffern zusammengesetzt sind.

Die Ziffern, die wir heute benutzen, heißen arabische Ziffern.

a) Notiere Unterschiede.

b) Mit welchen Zahlen kann man einfacher rechnen? Begründe.

1 Auffälligkeiten notieren; 2 Regeln für das Schreiben und Lesen römischer Zahlen;
3 römische Zahlen und unsere Zahlen vergleichen.

E▶59   AH▶59   A▶59

(4) Übertrage die Tabelle in dein Heft.
Übersetze die römischen Zahlen in
unsere Schreibweise und notiere
jeweils die Zahl, die um 1 kleiner ist,
mit römischen Zahlzeichen.

römische Zahl	Zahl in unserer Schreibweise	um 1 kleinere römische Zahl
XXX	30	XXIX
LXXIV		
C		
CCLXXV		
MD		
M		

---

(5) Das Delta-Spiel

Ein beliebtes Spiel bei den Kindern in Rom war dieses Spiel.
Du kannst es auf dem Schulhof aufmalen.

Es ist für 2 bis 4 Spieler geeignet.

Jeder Spieler hat 5 Haselnüsse oder kleine Steine. Aus einem
Abstand von 2 m bis 3 m werfen die Spieler reihum Nüsse
in das Spielfeld. Die Punktzahlen der getroffenen Felder
werden addiert.

Wer die meisten Punkte hat, ist Sieger.

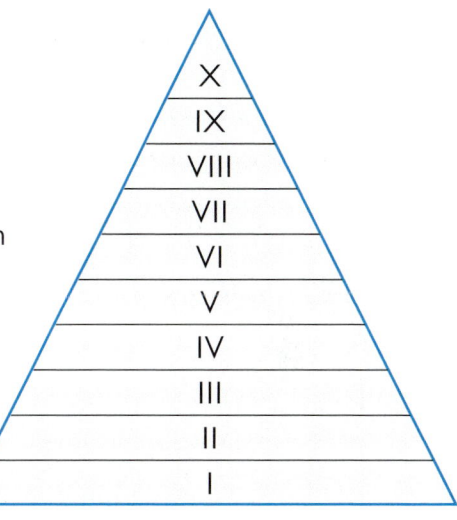

---

(6) Streichholzrätsel

Für Erwachsene und Kinder finden sich in Zeitschriften oft Knobelaufgaben
mit den römischen Zahlzeichen.

Bei allen Aufgaben musst du ein Streichholz so umlegen,
dass die Gleichung stimmt. Probiere es aus und notiere dann
die Lösung im Heft.

Ich lege die Aufgaben mit Streichhölzern.

a)
$$XI + I = X$$
$$VII + IX = XVIII$$
$$X - V = XIV$$
$$XV + IX = XIX$$
$$XXII - XI = IX$$

b)
$$VII + IV = II$$
$$VI - IV = IX$$
$$XII - XI = III$$

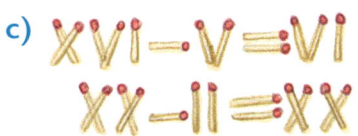
$$VI + IV = X$$

c)
$$XVI - V = VI$$
$$XX - II = XX$$

---

4 römische Zahlen in unsere Schreibweise übertragen, römische Zahlen schreiben;
5 Spiel durchführen; 6 Streichholzrätsel lösen

E ▶ 59   AH ▶ 59   A ▶ 59

125

Der Mathematiker **Leonard Euler** (1707–1783) hat in seinem Leben viele mathematische Probleme gelöst. Ein besonders berühmtes ist das **Königsberger Brückenproblem**.

In der Stadt Königsberg (heute heißt sie Kaliningrad und gehört zu Russland) flossen der Alte und der Neue Pregel zum Fluss Pregel zusammen. Dadurch wurde die Stadt in vier Stadtteile unterteilt, die durch insgesamt sieben Brücken miteinander verbunden waren.

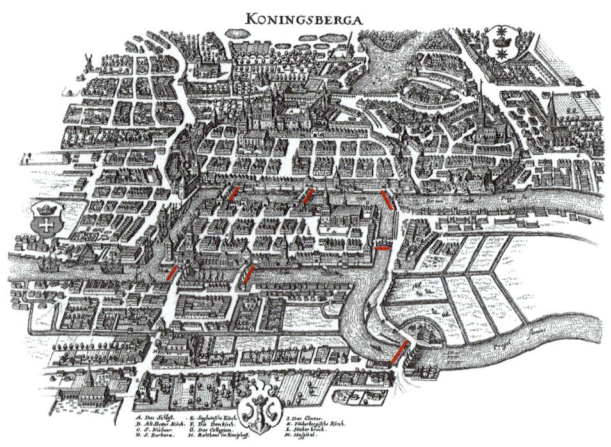

① Viele Menschen fragten sich damals: Kann man in Königsberg einen Spaziergang machen, bei dem man alle sieben Brücken überquert, ohne eine Brücke auszulassen oder über eine Brücke doppelt zu gehen?

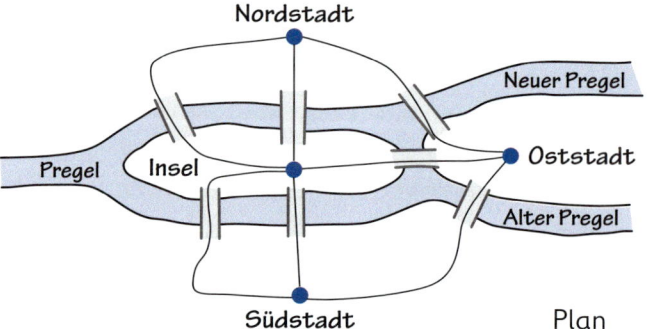

Plan

a) Probiere mit dem Finger auf dem Plan aus, ob du einen Weg findest.

b) Mit einer Skizze kannst du den Weg durch Königsberg noch einfacher darstellen.
So eine Skizze heißt auch (Wege-)Netz.
Die Linien heißen Kanten und die Punkte Knoten.

Zeichne das Netz von Königsberg mehrmals in dein Heft und versuche einen zusammenhängenden Weg zu finden, bei dem du jede Kante nur genau einmal nachgehst.

c) Was hat Euler wohl entdeckt? Notiere.

Skizze

② Alle Netze, in denen es einen zusammenhängenden Weg entlang aller Kanten gibt, kann man auch in einem Zug – ohne den Bleistift abzusetzen – zeichnen.

Untersuche die abgebildeten Netze und übertrage nur die in dein Heft, die du in einem Zug zeichnen kannst. Markiere jeweils den Anfangs- und den Endknoten deines Wegs.

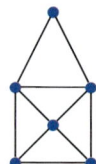 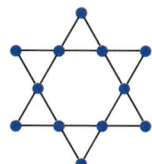 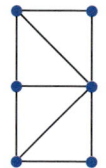 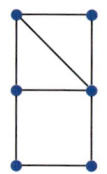 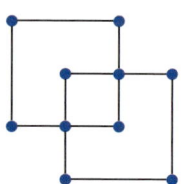

③ Überlege dir, an welcher Stelle man in Königsberg eine Brücke einbauen kann, so dass ein Spaziergang über alle Brücken möglich wird.
Zeichne entweder einen Plan oder ergänze eine Kante im Netz.

1 verstehen, dass Lagebeziehungen in Skizzen unverändert sind und sie zur Beantwortung des Problems nutzen;
2 anbahnen, dass die Durchlaufbarkeit von der Ordnung der Knoten abhängig ist;
3 eine Ergänzung für das Netz finden

E ▶ 60 AH ▶ 60 A ▶ 60

④ Du brauchst einen Bogen DIN-A4-Papier, Schere, Klebstoff, einen Bleistift, Buntstifte und ein Lineal.
Zerschneide das Papier der Länge nach in 3 cm breite Streifen.

a) Nimm einen Streifen und klebe die beiden kurzen Kanten zusammen, so dass ein Ring entsteht. Male die Innen- und die Außenseite des Rings in zwei verschiedenen Farben an.

b) Nimm einen anderen Streifen. Wende vor dem Zusammenkleben eine kurze Kante und klebe sie auf die andere kurze Kante. Male auch diesen verdrehten Ring an. Was fällt dir auf? Male mit einem Stück Kreide die Randkanten des Ringes an. Worin unterscheiden sich die Ringe aus Aufgabe a) und b)?

Der Mathematiker und Astronom August Ferdinand Möbius (1790–1868) hat 1858 als Erster diesen verdrehten Ring erforscht und darüber geschrieben. Von ihm hat die Figur auch ihren Namen bekommen: Sie heißt **Möbiusband**.

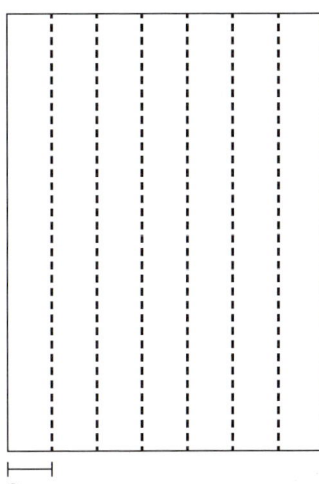

c) Vergleiche den Papierstreifen, den Ring und das Möbiusband. Eine Tabelle kann dir helfen.

d) Schreibe auf, welche besonderen Eigenschaften das Möbiusband hat.

	Ecken	Kanten	Flächen
Papierstreifen	4	4	2
Ring			
Möbiusband			

---

⑤ Nimm zwei neue Papierstreifen und markiere mit einem Bleistift die Mittellinien.

a) Verklebe einen Streifen zu einem einfachen Ring. Schneide ihn dann entlang der Mittellinie durch. Welche Figuren erhältst du?

b) Verklebe den zweiten Streifen zu einem Möbiusband. Schneide dein Band entlang der Mittellinie auf. Beschreibe die entstandene Figur. Hat deine Figur eine oder zwei Flächen?

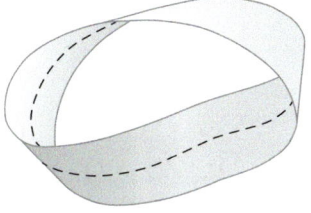

c) Schneide die entstandene Figur noch einmal entlang der Mittellinie auf. Was entsteht?

---

⑥ Markiere auf einem Streifen drei Abschnitte, bevor du ihn zu einem Möbiusband verklebst. Schneide entlang einer gestrichelten Linie. Was fällt dir auf? Welche Figuren entstehen? Untersuche und beschreibe sie.

4–6 Ringe und Möbiusbänder herstellen und erforschen, Besonderheiten entdecken und notieren, Eigenschaften dokumentieren

127

E ▶ 60   AH ▶ 60   A ▶ 60

Das kann ich jetzt – Addition

① Ich beherrsche die Addition. Ich entscheide, welche Aufgaben ich schriftlich und welche ich im Kopf löse.

a) 420 000 + 56 000
318 724 + 300 000
615 805 + 60
123 000 + 123 000

b) 327 286 + 518 734
54 999 + 144 999
123 456 + 654 321
207 876 + 428 931

c) 46 540 + ___ = 100 000
32 600 + ___ = 100 000
77 550 + ___ = 78 000
73 998 + ___ = 74 005

Der Überschlag hilft.

Manchmal sehe ich es an der Endziffer …

… oder an der 1. Ziffer.

② Ich kann Lösungen schnell und sicher prüfen.

546 288 + 64 325 = 590 613
450 000 + 136 814 = 586 813
227 459 + 275 234 = 592 693
428 345 + 571 654 = 999 999

Welche Muster findest du?

③ Ich kann Muster in Additionsaufgaben erforschen.

a) Setze das Muster fort.

12 345   23 456   34 567
+ 41 976   + 41 976   + 41 976   + 41 976

Beschreibe, was dir auffällt.

b) Setze das Muster fort. Finde mindestens zwei weitere Aufgaben.

123 456 789   123 456 789   123 456 789
+ 209 876 543   + 320 978 654   + 432 098 765

④ Ich kenne mich mit den Stellenwerten beim Addieren aus.

Du hast die Ziffernkarten von 0 bis 9 je einmal zur Verfügung. Lege zwei fünfstellige Zahlen und addiere sie, so dass eine möglichst große Summe entsteht.

inhalts- und prozessbezogene Kompetenzen zur Addition nachweisen
E▸61 AH▸61 A▸61

① Ich beherrsche die Subtraktion. Ich entscheide, welche Aufgaben ich schriftlich und welche ich im Kopf löse.

a)
100 000 − 24 550
387 251 − 183 518
645 876 − 299 000
615 000 − 400 000

b)
326 523 − 132 482 − 65 967
1 000 000 − 222 222 − 555 555
904 358 − 299 999 − 2 999
451 691 − 67 842 − 15 478

Probe-
aufgabe!

② Ich kann Lösungen schnell und sicher prüfen.

75 648 − 36 248 = 38 405
245 899 − 146 000 = 99 899
324 324 − 123 648 = 300 676
666 666 − 66 666 = 500 000

Endziffer,
Überschlag!

Hilft die
Quersumme?

③ Ich kann Muster in Subtraktionsaufgaben erforschen.

Wähle zwei Ziffernkarten und bilde daraus die beiden MIMI-Zahlen.

Subtrahiere die kleinere von der größeren Zahl.

```
  5 454       8 686       4 141
− 4 545     − 6 868     − 1 414
```

Rechne viele Aufgaben. Untersuche die Ergebniszahlen.
Was fällt dir auf?
Findest du eine Begründung?

④ Ich kenne mich mit den Stellenwerten beim Subtrahieren aus.

0 8 1 6 3 9 2 7 4 5

Du hast die
Ziffernkarten von 0 bis 9 je einmal zur Verfügung.
Lege zwei fünfstellige Zahlen und subtrahiere die kleinere von der größeren Zahl. Die Differenz soll möglichst groß werden.

Das kann ich jetzt – Multiplikation

Alle in einer Minute.

① Ich kann einfache Multiplikationsaufgaben schnell und sicher im Kopf rechnen.

a)	b)	c)	d)
6 · 8000	9 · 799	4 · 25000	100 · 100
5 · 40000	9 · 999	6 · 15000	200 · 200
40 · 7000	9 · 298	2 · 35000	300 · 300
60 · 600	19 · 305	3 · 250000	600 · 600
800 · 80	19 · 501	5 · 150000	900 · 900

② Ich kann schriftlich multiplizieren.
Vor der Rechnung mache ich einen Überschlag.

a)	b)	c)	d)
4987 · 6	20471 · 8	746 · 24	225 · 225
9653 · 7	14654 · 3	645 · 32	406 · 543
8090 · 9	21455 · 4	5327 · 45	1744 · 206
3047 · 5	36280 · 6	14265 · 33	5231 · 260
9990 · 4	90888 · 7	88888 · 88	

… und nach der Rechnung vergleiche ich mit dem Überschlag.

③ Ich kann Multiplikationsaufgaben überprüfen und sagen, welche sicher falsch sind.

Überschlag und Endziffern

a)	b)
2067 · 7 = 14332	78,99 € · 4 = 325,96 €
4312 · 5 = 25560	0,88 € · 9 = 7,92 €
7056 · 8 = 49448	12,25 € · 5 = 60,25 €
1986 · 6 = 11016	59,75 € · 7 = 418,30 €

④ Ich kann Muster in Multiplikationsaufgaben erforschen.

Rechne aus und setze die Päckchen fort.
Was fällt dir auf? Kannst du es erklären?

Ich kann auch noch weiterrechnen.

a)	b)	c)	d)
37 · 3	37037 · 3	77 · 13	271 · 41
37 · 6	37037 · 6	77 · 26	271 · 82
37 · 9	37037 · 9	77 · 39	271 · 123
37 · 12	37037 · 12	__ · __	__ · __
37 · __	__ · __	__ · __	__ · __
__ · __	__ · __	__ · __	__ · __
__ · __	__ · __	__ · __	__ · __

Das kann ich jetzt – Division

① Ich kann einfache Divisionsaufgaben schnell und sicher im Kopf oder halbschriftlich lösen.

a) 48 000 : 8   b) 27 000 :   9   c) 36 036 : 4
     66 000 : 6   27 000 :   90   50 550 : 5
   240 000 : 4   27 000 :   900   81 900 : 9
   999 000 : 9   27 000 : 9 000   66 300 : 6
   490 000 : 7   270 000 : 9 000   18 018 : 2

② Ich kann schriftlich dividieren. Vor der Rechnung mache ich einen Überschlag. Nach der Rechnung kontrolliere ich mein Ergebnis mit der Probeaufgabe.

a) 5 838 : 6   b) 78 261 : 3   c) 8 260 : 6   d) 16 800 : 10
   4 935 : 7   34 356 : 4   5 827 : 9   16 800 : 12
   5 049 : 9   56 925 : 9   6 722 : 3   16 800 : 20
   7 695 : 5   83 435 : 5   9 743 : 4   16 800 : 25
   4 104 : 8   44 721 : 6   5 056 : 7   16 800 : 50

Den Rest bei der Probe nicht vergessen!

Überschlag, Teilbarkeit von Zahlen

③ Ich kann Divisionsaufgaben überprüfen und sagen, welche sicher falsch sind.

a) 2 952 : 8 = 469   b) 20 793 : 3 = 6 930
   3 724 : 4 = 931   9 785 : 5 = 1 957 R 3

④ Ich kann Muster in Divisionsaufgaben erforschen.

a) Wähle drei aufeinanderfolgende fünfstellige Zahlen, zum Beispiel 41 234, 41 235, 41 236. Addiere die Zahlen und dividiere die Summe anschließend durch 3.
Rechne mindestens 4 verschiedene Aufgaben.
Was fällt dir auf?

b) Wähle nun fünf aufeinanderfolgende Zahlen und dividiere die Summe durch 5.
Rechne wieder mindestens 4 verschiedene Aufgaben.
Was fällt dir auf? Kannst du es erklären? Notiere deine Überlegungen.

Das kann ich jetzt – Größen

Gewichte und Volumina

① Ich kann in andere Maßeinheiten umwandeln und mit Gewichten und Volumina rechnen.

1 218 kg = 1 t 218 kg = 1,218 t

Schreibe jeweils auf drei Arten.

a) 4 365 kg   8 700 kg   0,6 t   4,004 t $\frac{3}{4}$ t

b) 6 572 ml   5,60 l   105 ml   12 400 ml $\frac{1}{2}$ l

Leergewicht: 1 218 kg

c) Wie viele Liter Wasser passen in diese Aquarien?

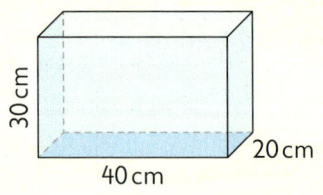
30 cm   40 cm   20 cm

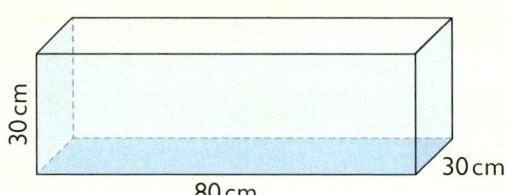
30 cm   80 cm   30 cm

Wie schwer sind die gefüllten Aquarien, wenn sie leer 6,5 kg und 13,9 kg wiegen?

d) Ordne nach der Größe. Beginne mit der kleinsten Gewichtsangabe.

| 2,5 t | 2 $\frac{3}{4}$ t | 2 050 kg | 255 kg | 2,005 t | 0,25 t |

Längen, Entfernungen, Geschwindigkeiten und Zeitspannen

② Ich kann mit großen Entfernungen rechnen und aus der angegebenen Geschwindigkeit eines Flugzeugs die benötigte Zeit abschätzen.

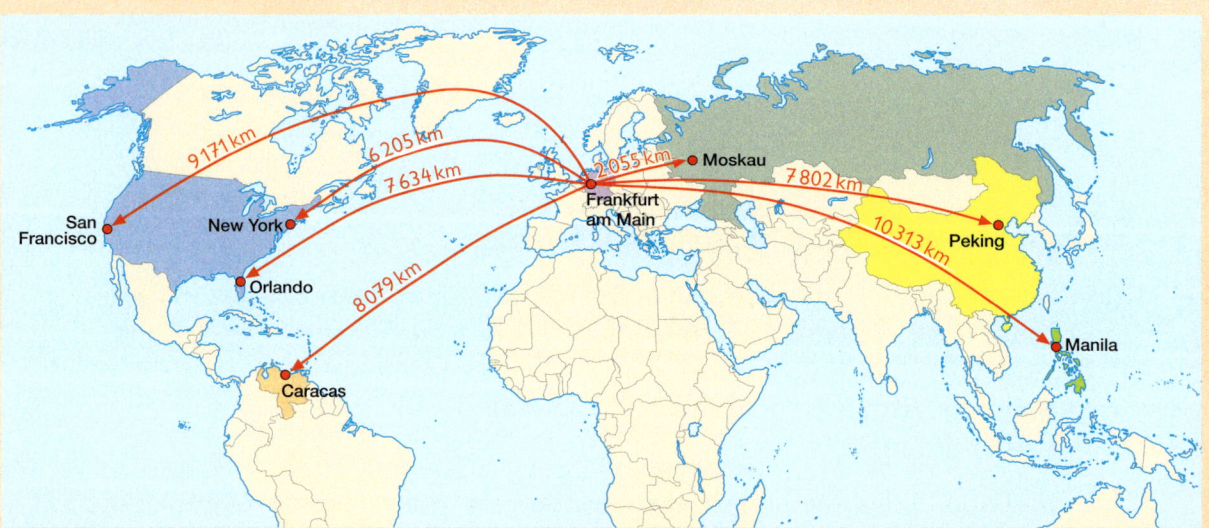

Der Langstreckenflieger Airbus A 380-800 fliegt mit einer Geschwindigkeit von 907 km/h. Überschlage, wie viele Stunden ungefähr er jeweils von Frankfurt am Main aus zu den eingezeichneten Zielen benötigt.

inhalts- und prozessbezogene Kompetenzen in den Größenbereichen (Gewichte, Volumina, Längen, Zeit) nachweisen

E▶63 AH▶63 A▶63

① Ich kann aus Texten, Schaubildern und Tabellen Daten entnehmen, sie weiterverarbeiten und zur Lösung von Sachproblemen nutzen.

a) Berechne den durchschnittlichen Wasserverbrauch für eine Person pro Tag.

b) Berechne den Verbrauch einer Familie mit 4 Personen.
Notiere in einer Tabelle und zeichne ein Säulendiagramm.

Durchschnittlicher Wasserverbrauch in Privathaushalten	Liter pro Tag pro Person
Baden, duschen, Hände waschen	44
Toilette	39
Wäsche waschen	19
Spülen	8
Reinigen der Wohnung	5
Kochen, trinken	4
Sonstiges	5
Gesamtwasserverbrauch	

Wasserverbrauch pro Tag für 4 Personen

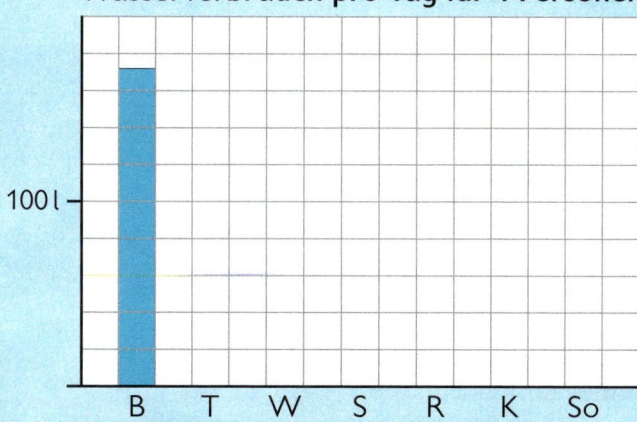

100 l

B T W S R K So

c) Vergleiche mit den Werten von 1990.
Was fällt dir auf? Notiere.
Findest du für manche Unterschiede eine Erklärung? Notiere.

Verbrauch 4 Personen 1990

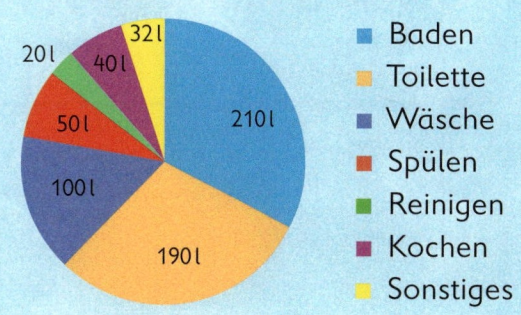

32 l · 20 l · 40 l · 50 l · 210 l · 100 l · 190 l

- ■ Baden
- ■ Toilette
- ■ Wäsche
- ■ Spülen
- ■ Reinigen
- ■ Kochen
- ■ Sonstiges

② Ich kann für problemhaltige Aufgaben Lösungswege entwickeln und sie nutzen.

1. Containerschiff

2. Tankschiff

3. Kreuzfahrtschiff

4. Schüttgutfrachter

Diese vier Schiffe verlassen am gleichen Tag den Hafen. Das Containerschiff kehrt alle 8 Wochen in den Hafen zurück, das Tankschiff alle 4 Wochen, das Kreuzfahrtschiff alle 6 Wochen und der Schüttgutfrachter alle 3 Wochen.

a) Nach wie vielen Wochen treffen alle vier Schiffe wieder im Hafen zusammen?

b) Wann treffen zum ersten Mal drei der vier Schiffe wieder im Hafen zusammen?

•☐• Notiere deine Überlegungen, entwickle eine Lösungsidee und erkläre sie deinem Partner.

Das kann ich jetzt – Geometrie

Rechte Winkel/Parallelen

Ich kann rechte Winkel und parallele
Geraden mit dem Geodreieck
zeichnen.

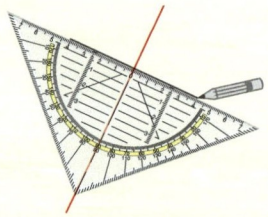 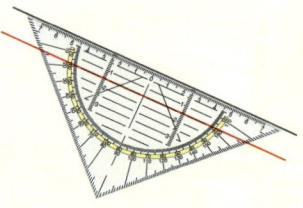

① a) Zeichne zwei Geraden, die parallel verlaufen, im Abstand von 3 cm.

b) Zeichne eine Gerade a und zwei Geraden (b und c), die die Gerade a rechtwinklig
schneiden.

c) Wie verhalten sich die Geraden b und c zueinander?

② Zeichne ein Rechteck mit den Seitenlängen $a = 8$ cm, $b = 4$ cm.

Parkettierungen

 Ich kann Parkettierungen fortsetzen und eigene Parkettierungen erfinden.

a) Übertrage das Muster in dein Heft. Benutze dafür einen Buntstift.
Zeichne die Fortsetzung des Musters in alle Richtungen mit
Bleistift.

b) Stelle eine Schablone zum Parkettieren her, indem du ein
Rechteck veränderst.

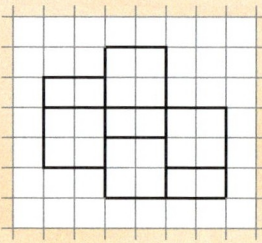

Kreis und Zirkel

④ Ich kenne die Begriffe Radius, Mittelpunkt, Durchmesser und Kreislinie.
Ich kann Kreise und Muster mit dem Zirkel zeichnen.
Zeichne um denselben Mittelpunkt M Kreise mit den Radien
$r_1 = 1,5$ cm $r_2 = 2$ cm $r_3 = 2,5$ cm $r_4 = 3$ cm.

a) Welchen Radius haben der 6., 8. und 10. Kreis, wenn die Radien weiter gleichmäßig
verändert werden?

b) Wie verändert sich die Länge der Durchmesser?

⑤ a) Übertrage die Muster in dein Heft.

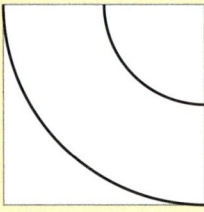 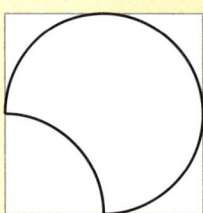  

b) Erfinde eigene Muster mit Kreisbögen.

inhalts- und prozessbezogene Kompetenzen zu geometrischem Grundwissen
(rechte Winkel, Parallelen, Kreis) nachweisen

E ▶ 64   AH ▶ 64   A ▶ 64

Symmetrie

6 Ich kann achsensymmetrische und drehsymmetrische Figuren unterscheiden.
Zeichne alle Figuren in dein Heft.

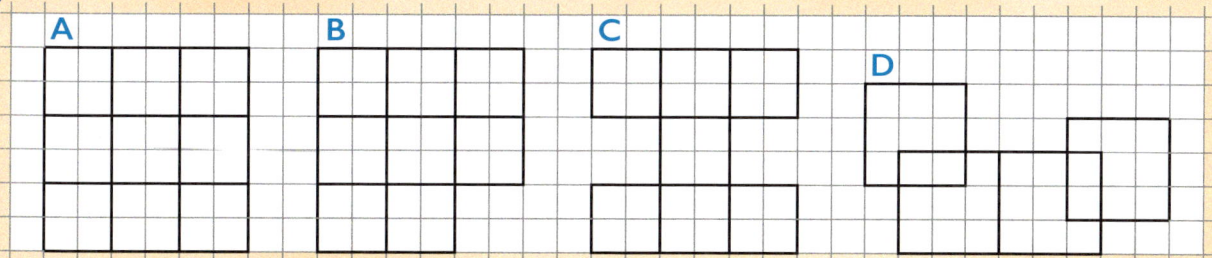

a) Welche Figuren sind achsensymmetrisch? Zeichne alle Symmetrieachsen ein.
b) Welche Figuren sind drehsymmetrisch? Zeichne den Drehpunkt ein.
c) Welche Figuren sind zugleich achsensymmetrisch und drehsymmetrisch?

7 Zeichne diese Figur zweimal in dein Heft.

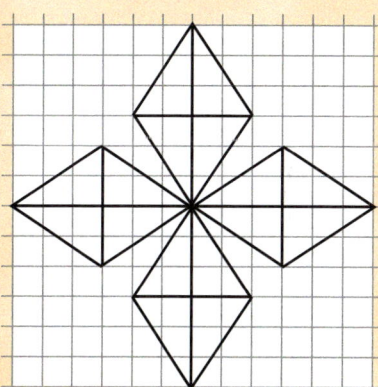

a) Zeichne eine Symmetrieachsen ein.
   Male dann die Figur achsensymmetrisch aus.

b) Zeichne in die zweite Figur den Drehpunkt ein.
   Male dann die Figur so an, dass man sie sofort als
   drehsymmetrisch erkennt.

Körper

8 Ich kenne die Eigenschaften von Quader und Würfel und kann die Körper darstellen.

a) Wie viele Ecken, Flächen und Kanten haben Würfel und Quader?
b) Wie viele Kanten treffen in jeder Ecke zusammen?
c) Wie viele Flächen treffen in einer Kante zusammen?
d) Was unterscheidet Würfel und Quader?

9 a) Zeichne das Schrägbild eines Würfels mit der Kantenlänge $a = 4\,cm$.

b) Zeichne einen Quader mit den Kantenlängen $a = 3\,cm$, $b = 4\,cm$ und $c = 5\,cm$ ebenfalls als Schrägbild. Versuche, ihn einmal stehend und einmal liegend zu zeichnen.

Räumliche Orientierung

10 Ich kann mich auf Landkarten und Stadtplänen orientieren. Ich kann Entfernungen unter Berücksichtigung des Maßstabs bestimmen.

Max misst auf der Deutschlandkarte (Maßstab 1 : 10 000 000) die geradlinige
Entfernung Hannover–Mainz (Luftlinie). Sie beträgt 2,9 cm.
Wie groß ist die Entfernung in Wirklichkeit?

inhalts- und prozessbezogene Kompetenzen zu geometrischem Grundwissen
(Symmetrie, Körper, räumliche Orientierung) nachweisen

E ▸ 64   AH ▸ 64   A ▸ 64

135

Super M
Mathematik für alle
4

Herausgegeben von: Ursula Manten

Erarbeitet von: Ursula Manten, Ariane Ranft, Gabi Viseneber, Mirjam Walde

Unter Einbeziehung der Ausgabe von: Ulrike Braun, Gudrun Hütten, Ursula Manten, Gabi Viseneber

Redaktion: Mario Birkenbach

Illustrationen: Martina Leykamm, Dorothee Mahnkopf (Super M)

Grafik: Christine Wächter

Layoutkonzept: hawemannundmosch

Layout und technische Umsetzung: Checkplot, Liersch & Röhr

Umschlaggestaltung: Ines Schiffel

Bildnachweis: S.9 und 16: (Gewichtssatz) Ursula Manten, Aachen; S.11: (Gebäude) Gaby Viseneber, Wuppertal; S.26 und 28: (Karte) Dr. Volkhard Binder, Berlin; S.28: (Flugzeug) Lufthansa 1993/Gerd Rebenich; S.36: (Karte) Dr. Volkhard Binder, Berlin; S.40: (Giraffen) Fotolia/michaeljung, (Elefanten) Fotolia/pixs: sell, (Flusspferde) Clip Dealer/©lifeonwhite.com; S.50: (Karte) Dr. Volkhard Binder, Berlin; S.51: (Stadion) Fotolia/©JackF; S. 52: (Grafik und Karte) Peter Kast, Wismar; S.54: Ursula Manten, Aachen; S.58: (Portrait Vasarely) Ullstein bild/Roger-Viollet/Jack Nisberg/Avec l'aimable autorisation de Pierre Vasarely/VG BILD-Kunst, Bonn 2016, (Kunstwerk A) Maslowski Marcin/Shutterstock, (Kunstwerk B) www.bridgemanimages.com/Photo © Christie's Images/Victor Vasarely: 'Igmand', 1981/VG BILD-Kunst, Bonn 2016, (Kunstwerk C) akg-images/Victor Vasarely: 'Vega 200', 1968, Sammlung Michel Vasarely/VG BILD-Kunst, Bonn 2016, S. 59: (Skulptur in Jeddah) mauritius images/Alamy/Photo © Robert Reis/Victor Vasarely: 'AXO I'; S. 70: (Faultier) Fotolia/vilainecrevette, (Gepard) Fotolia/Stu Porter Photography; S.71: (Küstenseeschwalbe) Fotolia/mdalla, (Grauwal) Fotolia/Jan-Dirk Hansen; S.73: (Der Blaue Engel) Umweltbundesamt; S. 75: (Wasseruhr) Fotolia/RRF, (Wasserhahn) www.colourbox.de; S.77: (Karibu) Jeff McGraw/Shutterstock; S.88: (1) Geir Helge Solevag/Shutterstock, (7) jukurae/Shutterstock, (2–6, 8, 9) Ursula Manten, Aachen; S.108: (Taschenrechner) PROFIL Fotografie Marek Lange, Berlin; S.109: (Kolibri) Fotolia/Steve Byland; S.116: (Fliege) Fotolia/Eric Isselée, (Elefant) Vaclav Volrab/Shutterstock, (Biene) Fotolia/Alekss, (Schmetterling) Fotolia/fovito, (Marienkäfer) Fotolia/Alex Staroseltsev, (Maikäfer) Fotolia/Eric Isselée, (Kamel) Be Good/Shutterstock, (Jaguar) Fotolia/photosvac, (Giraffe) Fotolia/Shchipkova Elena, (Koala) Clip Dealer GmbH/www.isselee.com; S.118: (Karten) Peter Kast, Wismar; S.122: (Gauß) Nicku/Shutterstock; S.126: (Euler) action press/JAB/Rex Featuresaction press, (Stich Königsberg) Glow Images/Superstock; S.127: (Möbius) bpk; S.132: (Karte): Dr. Volkhard Binder, Berlin; S.133: (Containerschiff) Fotolia/nmann77, (Tankschiff) Fotolia/dedi, (Kreuzfahrtschiff) Federico Rostagno /Shutterstock, (Schüttgutfrachter) Fotolia/Ralf Gosch

Bestandteile des Lehrwerks Super M für das 4. Schuljahr

Schülerbuch 4 mit Kartonbeilagen	978-3-06-083028-2
Arbeitsheft 4	978-3-06-083029-9
Arbeitsheft 4 mit CD-ROM	978-3-06-083419-8
Förderheft – Einstiege 4	978-3-06-083838-7
Forderheft – Aufstiege 4	978-3-06-083837-0
Handreichungen 4 für den Unterricht mit Lehrermagazin	978-3-06-083421-1
Kopiervorlagen 4 mit CD-ROM	978-3-06-083422-8

Im Paket:

Handreichungen 4 für den Unterricht mit Lehrermagazin und Kopiervorlagen 4 mit CD-ROM	978-3-06-083917-9
Arbeitsheft Rechentraining 4	978-3-06-083165-4

www.cornelsen.de

Die Webseiten Dritter, deren Internetadressen in diesem Lehrwerk angegeben sind, wurden vor Drucklegung sorgfältig geprüft. Der Verlag übernimmt keine Gewähr für die Aktualität und den Inhalt dieser Seiten oder solcher, die mit ihnen verlinkt sind.

1. Auflage, 1. Druck 2016

Alle Drucke dieser Auflage sind inhaltlich unverändert und können im Unterricht nebeneinander verwendet werden.

© 2016 Cornelsen Schulverlage GmbH, Berlin

Druck: Firmengruppe APPL, aprinta Druck, Wemding

ISBN 978-3-06-083028-2

P 9729594

PEFC zertifiziert
Dieses Produkt stammt aus nachhaltig bewirtschafteten Wäldern und kontrollierten Quellen
PEFC/04-32-0928   www.pefc.de